淘宝网店

页面设计、布局、配色、装修

一本通

第3版

孙东梅　编著

全彩

电子工业出版社
Publishing House of Electronics Industry
北京·BEIJING

内 容 简 介

本书不仅仅是一本讲解网店装修的图书,其中还有大量的关于创意、页面布局、页面视觉设计、页面配色等方面的知识,可谓一书在手,网店设计装修全无忧。本书共12章,主要内容包括网店装修入门基础、网店页面的元素与布局、网店页面的视觉元素设计、网店页面的创意和风格、大型购物网店页面设计分析、页面色彩搭配基础知识、网店色调与配色、各行业网店设计与配色案例解析、处理好照片、淘宝店铺各版本特点、普通店铺装修、淘宝旺铺装修、手机淘宝店铺装修。

本书最大的特色是在介绍网店装修知识的基础上,融合了创意与色彩的运用技巧,并通过对实际案例的分析,帮助读者了解商品页面设计的趋势,以及最流行的设计技术。本书第1、2版自上市后广受读者好评,并取得了优异的销售成绩,此次升级更增加了众多实用、符合当前形势与潮流的新内容。

希望广大读者通过本书,打造出独具特色的淘宝店铺,在广阔的淘宝家园里开拓出自己的一片天地!

未经许可,不得以任何方式复制或抄袭本书之部分或全部内容。
版权所有,侵权必究。

图书在版编目(CIP)数据

淘宝网店页面设计、布局、配色、装修一本通 / 孙东梅编著. —3版. —北京:电子工业出版社,2016.10
ISBN 978-7-121-29831-8

Ⅰ. ①淘… Ⅱ. ①孙… Ⅲ. ①电子商务—网页制作工具 Ⅳ. ①F713.361.2 ②TP393.092.2

中国版本图书馆CIP数据核字(2016)第207465号

策划编辑:牛 勇
责任编辑:徐津平
印　　刷:中国电影出版社印刷厂
装　　订:三河市华成印务有限公司
出版发行:电子工业出版社
　　　　　北京市海淀区万寿路173信箱　　邮编:100036
开　　本:787×980　1/16　印张:17　字数:361千字
版　　次:2011年9月第1版
　　　　　2016年10月第3版
印　　次:2016年10月第1次印刷
定　　价:69.80元

凡所购买电子工业出版社图书有缺损问题,请向购买书店调换。若书店售缺,请与本社发行部联系,联系及邮购电话:(010)88254888,88258888
质量投诉请发邮件至zlts@phei.com.cn,盗版侵权举报请发邮件至dbqq@phei.com.cn。
本书咨询联系方式:010-51260888-819;faq@phei.com.cn。

前言

中国互联网经过10多年的发展,目前网民规模已达6.88亿人。淘宝网经过几年的发展,从最初的星星之火,到目前的红红火火,现今很多SOHO一族都把在淘宝网上经营网店作为一种职业追求,越来越多的人在网上开店。虽然网上店铺很多,但是有相当一部分的销售量非常少,少到几天甚至半个月才能卖出一件商品。为什么会这样呢?除了推广不够之外,还有一个重要的原因是店铺的装修设计不到位。对于网络店铺来说,装修更是店铺兴旺的制胜法宝。一般来说,经过装修设计的网络店铺特别能吸引网友的目光。装修店铺其实并不难,但是想要将店铺装修得十分精美却不是一件简单的事情。

在众多淘宝书籍中,《淘宝网店页面设计、布局、配色、装修一本通》历经5年,仍然显示出极强的生命力:第1版和第2版重印了多次,不论是销量,还是读者的认可度,该书的成绩斐然。5年来该书在淘宝网、当当网、京东商城和各大新华书店销量

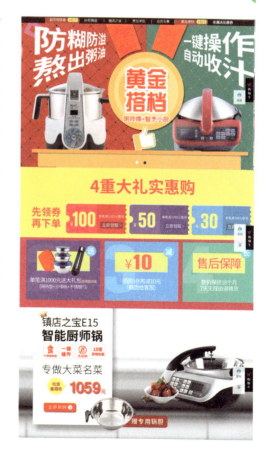

一直在同类书中名列前茅。虽然图书一直销售很好,不过淘宝网平台经历了多次升级更新,为了保证书中内容与时俱进,我们改版升级了该书。相对于第1版和第2版,首先,整书进行了更新,所有淘宝装修操作页面均为最新版,Photoshop软件版本也是最新的,还增加了最近流行的手机淘宝店铺装修内容,读者跟着书上的操作就可以成功地将网店装修好。此外,我们根据读者最关心的问题和淘宝的变化进行了部分的内容更新,力图做到在新的平台下内容架构的系统和合理。

本书主要内容

目前市场上虽然有一些介绍网店装修的书,但是大部分只是讲述按钮的设计、店标的设计、宣传公告等设计。而本书却是指引淘宝卖家怎样根据自己所卖的商品去进行页面设计布局、配色与装修。翻开本书,你会发现本书并不是一本单纯讲解网店装修的图书,其中还有大量的关于创意、页面布局、页面视觉设计、页面配色等方面的知识,可谓一书在手,网店装修设计无忧。希望大家通过本书的学习,能打造一个独具特色的淘宝店铺,在广阔的淘宝家园中开拓出自己的一片天地!

本书共12章,主要内容包括网店装修入门基础、网店页面的元素与布局、网店页面的视觉元素设计、网店页面的创意和风格、大型购物网店页面设计分析、页面色彩搭配知识、网店色调与配色、各行业网店设计与配色案例解析、普通店铺与淘宝旺铺的装修、手机淘宝店铺装修等。

本书特色

- 一般的网店装修图书只讲述网店装修技术的使用,如设计店标、设计分类按钮、设计广告栏,而网店装修技术含量本身并不高,一般只需精通制图软件就可胜任。若要彰显独特个性,最重要的还是得有创意,需懂得灵感和色彩的运用,才能获得稳定的客源。
- 畅销图书升级。前两版图书在淘宝网、当当网、京东商城和各大新华书店销量一直在同类书中名列前茅,多次印刷。
- 新增手机淘宝店铺装修讲解。随着移动端交易数量的增加,本书增加了流行的手机淘宝店铺装修内容。
- 图文并茂,易于阅读。全书每章都配有大量的图例说明,并附以生动的文字讲解,阅读门槛低,无论是淘宝的新手还是老卖家都可以方便地阅读。
- 通过分析实际的设计案例,帮助大家了解商品页面设计的趋势,以及流行的设计技术;详细讲解了商品页面的制作方法,让您赶上最新的设计潮流,永不落伍!
- 首先讲述了网店装修所需要的知识,接着讲述了页面的布局与视觉元素设计、页面色彩搭配、图片的处理、普通店铺的装修和旺铺的装修。
- 作者具有多年的网店设计与装修经验,曾设计了1000多家店铺模板,总结了开店过程中的经验和技巧,涵盖了开店过程中遇到的许多细节问题。

本书适合读者

如果您想在网上开店、进行网上创业,如果您正在经营网店,想通过网店的整体包装提升店铺档次、将生意做大做强,如果您是网店设计与网店装修的专业人员,那么本书非常适合您。

本书的编者中既有积累了多年网店设计装修经验的人员,又有网页设计与网站建设方面的人员。参加本书编写工作的有:郭海旺、孙东云、邓静静、李银修、刘宇星、刘中华、李晓民、邓方方、孙良军、何秀明、何海霞、陈石送、徐洪峰、孙起云、吕志彬等。由于作者水平有限,本书存在不足之处在所难免,欢迎广大读者批评指正。

编 者
2016年5月

目录

第1章 网店装修入门基础 ... 13
1.1 网店装修需要注意的问题 ... 14
- 1.1.1 什么是网店装修 ... 14
- 1.1.2 为什么要进行网店装修 ... 14
- 1.1.3 新手店铺装修的误区 ... 16

1.2 网店装修审美准则 ... 20
- 1.2.1 网店的风格 ... 20
- 1.2.2 网店审美的通用原则 ... 20

1.3 网店装修的一般流程 ... 22

第2章 网店页面的元素与布局 ... 24
2.1 网店栏目和页面设计策划 ... 25
- 2.1.1 为什么要进行策划 ... 25
- 2.1.2 网店的栏目策划 ... 25
- 2.1.3 网店的页面策划 ... 27

2.2 网店布局的基本元素 ... 28
2.3 页面布局设计 ... 31
- 2.3.1 页面布局原则 ... 31
- 2.3.2 网店页面内容的排版 ... 34

第3章 网店页面的视觉元素设计 ... 36
3.1 网店导航设计 ... 37

3.1.1 导航设计的基本要求 ………………………………………… 37
　　　3.1.2 导航的基础要素 ………………………………………………… 38
　　　3.1.3 导航设计注意要点 ……………………………………………… 38
　3.2 页面中的文字设计 …………………………………………………………… 39
　　　3.2.1 文字的字体、字号、行距 ……………………………………… 39
　　　3.2.2 文字的颜色 ……………………………………………………… 39
　　　3.2.3 文字的图形化 …………………………………………………… 41
　　　3.2.4 让文字易读 ……………………………………………………… 41
　3.3 页面中的图片应用 …………………………………………………………… 42
　　　3.3.1 让买家心动促成交易，商品图片是关键 ……………………… 42
　　　3.3.2 商品图片的诚信原则 …………………………………………… 45
　　　3.3.3 使用模特实拍，增加商品的直观视觉效果 …………………… 46
　3.4 让按钮更易点击 ……………………………………………………………… 47

第4章　网店页面的创意和风格 …………………………………………………… 48

　4.1 页面设计创意思维 …………………………………………………………… 49
　　　4.1.1 什么是创意 ……………………………………………………… 49
　　　4.1.2 创意思维的原则 ………………………………………………… 49
　　　4.1.3 创意的产生过程 ………………………………………………… 52
　4.2 常见的创意方法 ……………………………………………………………… 53
　　　4.2.1 富于联想 ………………………………………………………… 53
　　　4.2.2 巧用对比 ………………………………………………………… 54
　　　4.2.3 大胆夸张 ………………………………………………………… 54
　　　4.2.4 趣味幽默 ………………………………………………………… 55
　　　4.2.5 善用比喻 ………………………………………………………… 55
　　　4.2.6 以小见大 ………………………………………………………… 55
　　　4.2.7 偶像崇拜 ………………………………………………………… 56
　　　4.2.8 古典传统 ………………………………………………………… 57
　　　4.2.9 流行时尚 ………………………………………………………… 57
　4.3 网店页面风格 ………………………………………………………………… 58
　　　4.3.1 大幅配图 ………………………………………………………… 58
　　　4.3.2 面板风格 ………………………………………………………… 60
　　　4.3.3 三维风格 ………………………………………………………… 60
　　　4.3.4 书报风格 ………………………………………………………… 61

第5章 大型购物网店页面设计分析 62

5.1 人气商品页面分析 63
5.1.1 销售的不是商品，而是氛围 63
5.1.2 详细展示商品 64
5.1.3 注意比商品更吸引眼球的要素 65
5.1.4 以买家的语气描述，从买家的视角设计 66

5.2 热销商品页面设计理念 67
5.2.1 页面不是一味地加长，而是要生动有趣 67
5.2.2 自然引导顾客购买搭配商品 68
5.2.3 通过图片就可以了解商品实际大小 70
5.2.4 商品信息介绍准确详细 70
5.2.5 分享购买者的经验 72
5.2.6 展示相关证书或证明 73
5.2.7 文字注意可读性 74

第6章 页面色彩搭配基础知识 75

6.1 色彩的原理 76

6.2 色彩的分类 76
6.2.1 无彩色 76
6.2.2 有彩色 79

6.3 色彩的三要素 80
6.3.1 明度 81
6.3.2 色相 82
6.3.3 纯度 83

6.4 色彩对比 84
6.4.1 明度对比 85
6.4.2 色相对比 85
6.4.3 纯度对比 90
6.4.4 色彩的面积对比 91
6.4.5 色彩的冷暖对比 92

6.5 网店页面色彩搭配方法 94

6.6 主色、辅助色、点缀色 96
6.6.1 主色可以决定整个店铺风格 97
6.6.2 辅助色对页面有决定性效果 98
6.6.3 点缀色可营造独特的页面风格 99

第7章 网店色调与配色 100

7.1 红色系的配色 101
7.1.1 红色适合的配色方案 101
7.1.2 适用红色系的网店 102

7.2 橙色系的配色 103
7.2.1 橙色适合的配色方案 103
7.2.2 适用橙色系的网店 104

7.3 黄色系的配色 105
7.3.1 黄色适合的配色方案 105
7.3.2 适用黄色系的网店 106

7.4 紫色系的配色 107
7.4.1 紫色适合的配色方案 107
7.4.2 适用紫色系的网店 108

7.5 绿色系的配色 109
7.5.1 绿色适合的配色方案 109
7.5.2 适用绿色系的网店 110

7.6 蓝色系的配色 111
7.6.1 蓝色适合的配色方案 111
7.6.2 适用蓝色系的网店 112

7.7 无彩色的配色 112
7.7.1 白色系网店 112
7.7.2 灰色系网店 114
7.7.3 黑色系网店 115

第8章 各行业网店设计与配色案例解析 116

8.1 女装网店 117
8.1.1 女装网店的经营特点 117
8.1.2 页面分析 118
8.1.3 网店配色讲解 120

8.2 美容化妆网店 121
8.2.1 美容化妆网店的经营特点 122
8.2.2 页面分析 124
8.2.3 网店配色讲解 125

8.3 计算机数码类产品网店 126

        8.3.1 计算机数码类产品网店的经营特点 126
        8.3.2 页面分析 127
        8.3.3 网店配色讲解 129
    8.4 家居日用品网店 129
        8.4.1 家居日用品网店的经营特点 129
        8.4.2 页面分析 130
        8.4.3 网店配色讲解 133
    8.5 男性商品类网店 133
        8.5.1 男性商品类网店的经营特点 133
        8.5.2 页面分析 134
        8.5.3 网店配色讲解 135
    8.6 珠宝饰品网店 135
        8.6.1 珠宝饰品网店的经营特点 136
        8.6.2 页面分析 136
        8.6.3 网店配色讲解 139
    8.7 箱包网店 139
        8.7.1 箱包网店的经营特点 139
        8.7.2 页面分析 140
        8.7.3 网店配色讲解 143
    8.8 鞋类网店 143
        8.8.1 鞋类网店的经营特点 143
        8.8.2 页面分析 144
        8.8.3 网店配色讲解 146
    8.9 童装网店 146
        8.9.1 童装网店的经营特点 146
        8.9.2 页面分析 147
        8.9.3 网店配色讲解 147
    8.10 食品网店 148
        8.10.1 食品网店的经营特点 148
        8.10.2 页面分析 149
        8.10.3 网店配色讲解 150

第9章 处理好照片，装修有优势 151
    9.1 简单的照片处理 152

9.1
- 9.1.1 调整拍歪的照片 152
- 9.1.2 缩小图片 153
- 9.1.3 自由裁剪照片 155
- 9.1.4 将图片调整为适合淘宝发布的尺寸 157

9.2 调整照片效果 158
- 9.2.1 调整曝光不足的照片 158
- 9.2.2 调整曝光过度的照片 159
- 9.2.3 调整模糊的照片 161
- 9.2.4 调整对比度突出照片主题 163

9.3 为照片添加水印和边框 166
- 9.3.1 为照片添加水印防止他人盗用 166
- 9.3.2 为照片添加相框提高商品档次 167

9.4 照片特殊效果处理技法 170
- 9.4.1 把照片中的产品抠出来 170
- 9.4.2 快速更换图片的背景 172
- 9.4.3 给宝贝图片加圆角 175
- 9.4.4 制作闪闪发亮的商品图片 179

9.5 一次性处理大量产品图片 185

第10章 普通店铺装修篇 188

10.1 添加数据分析工具生意参谋 189

10.2 宝贝分类设计与设置 191
- 10.2.1 宝贝分类制作的注意事项 191
- 10.2.2 制作宝贝分类图片 191
- 10.2.3 上传图片并设置宝贝的分类 194

10.3 公告区域的制作 195
- 10.3.1 制作公告区时的注意事项 196
- 10.3.2 制作精美的图片公告 196
- 10.3.3 在店铺中应用图片公告 200

10.4 店标的设计与发布 203
- 10.4.1 什么是网店的店标 204
- 10.4.2 店标设计的原则 204
- 10.4.3 店标制作的基本方法 206
- 10.4.4 设计店铺标志 207
- 10.4.5 将店标发布到店铺上 210

第11章 淘宝旺铺装修篇 212

11.1 制作个性店招 213
11.1.1 店招制作的注意事项 213
11.1.2 服装店招设计实例 213
11.1.3 将店招应用到店铺中 216

11.2 巧妙制作宝贝促销区 219
11.2.1 制作宝贝促销区的注意事项 219
11.2.2 宝贝促销区的制作方法 220
11.2.3 促销海报排版 221
11.2.4 宝贝促销区设计实例 222

11.3 制作宝贝描述模板 229
11.3.1 宝贝描述模板的设计要求 229
11.3.2 在Photoshop中设计宝贝描述模板 230
11.3.3 将图片切割为适合网页应用的元素 235
11.3.4 使用Dreamweaver生成网页代码 238
11.3.5 发布商品描述模板 240

11.4 视频在店铺装修中的应用 242

11.5 制作图片轮播 244

第12章 手机淘宝店铺装修 247

12.1 手机淘宝 248
12.1.1 手机端与电脑端的区别 248
12.1.2 手机淘宝店铺装修要点 249
12.1.3 手机淘宝店铺装修误区 250

12.2 下载与注册手机淘宝 250
12.2.1 下载手机淘宝客户端 250
12.2.2 登录手机淘宝 252

12.3 手机店铺首页装修 252

12.4 手机版宝贝详情页 255

12.5 购买无线端装修模板 257

附录A 各行业网店色彩搭配 259

附录B 配色形容词色卡 264

附录C 页面安全色 269

第1章
网店装修入门基础

 本章指导

网店装修是网上开店过程中一个至关重要的环节。网店装修可以美化店铺，使店铺获得更多的视觉销售力，从而创造出超过网店装修费用几十倍的收益。网店装修带给网络店铺的不仅仅是美观，更多的是创造出一个精美的店铺形象，给顾客一种强烈的吸引力，并刺激其购买欲望，从而提升销售业绩。

1.1 网店装修需要注意的问题

网店装修的目的在于创造更多的销售额，为网店带来更高的人气和属于店铺的忠实客户。所以网店装修应该是建立在这个目的之上的，否则如果装修只是使图片更精美，而不能带来收益，那么装修网店就变得毫无价值和意义。

1.1.1 什么是网店装修

网店装修可以理解为类似实体店铺的装修，店铺漂亮才能吸引顾客来购物甚至多次消费。对于网店来讲，一个好的店铺设计至关重要，毕竟买家只能通过网上的文字和图片来了解店铺，了解产品，所以店铺装修得好能增加买家的信任感，甚至还能对店铺品牌的树立起到关键作用。

网店装修就是在淘宝、易趣、拍拍等网店平台允许的结构范围内，尽量通过图片、程序模板等让店铺更加美观。"普通店铺"结构很固定，只能做一点装饰，功能性不强。而"旺铺"自由度非常大，功能也很强，关键是看自己的创意和技术。

1.1.2 为什么要进行网店装修

在网上开店，也要把门面装修得漂亮点儿，这样才能吸引买家。作为视觉动物，人的第一印象对其认知会产生相当大的影响。同样，逛街购物也是如此，装修靓丽而富有特色的门店使人们的购物心情更舒畅，顾客下单的时候自然会更爽快。倘若店铺的装修毫无特色，货品堆放毫无秩序，相信你的购物欲望也会大打折扣，甚至有想赶快离开的心理。而对于网络店铺来说，装修更是店铺兴旺的制胜法宝，商品的任何信息买家都只能通过网店页面来获得，所以更需要在美观上下工夫。一般来说，经过装修设计的网络店铺特别能吸引网友的目光。下面具体介绍为什么要装修网店。

第一，新手基本上都没有销售信誉，拿什么让买家相信你不是骗子呢？把网店装修得漂漂亮亮的，即使买家质疑你是骗子，你也可以挺直腰杆说："有这么认真的骗子吗？"

第二,经过装修的网站会给买家留下一个好印象。很多新手在开店时,整个网店都可以看到马虎的痕迹。标题不规范,长的长,短的短;分类不整齐,有一个字的,有三个字的,有多个字的,看起来相当不协调;商品描述更是乱七八糟。而装修靓丽的网店会给顾客留下一个好印象,使其购买几率大大提高。

第三,装修网店时,要注意整体搭配。很多新手在装修时到处找免费的东西,七拼八凑,使整个店面花花绿绿的,跟垃圾场一样,那样的装修还不如不装修。

第四,网店商品虽然非常重要,但是绝对不能忽视装修。正所谓"三分靠长相七分靠打扮",网店的美化如同实体店的装修一样,能让买家从视觉上和心理上感觉到店主对店铺的用心,并且能够最大限度地提升店铺的形象,有利于网店的品牌形成,提高浏览量。

第五,好的装修会增加顾客在网店停留的时间。漂亮、恰当的网店装修,可以给顾客带来美感,使顾客浏览网页时不易疲劳,自然会更细心地浏览你的店铺。好的商品在诱人的装饰品的衬托下,更不容易遭受拒绝,有利于促进成交。

如图1-1和图1-2所示分别为装修好的店铺和没有装修的店铺,可以看到装修后的店铺极大地提高了店铺的美观性和人气,网店销售量也有了很大的提高。

图1-1 装修好的店铺

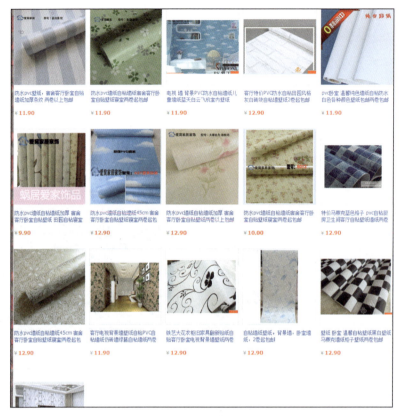

图1-2 没有装修的店铺

1.1.3 新手店铺装修的误区

在网上可以看到很多卖家的店铺装修得非常漂亮,有些卖家甚至找专业人士"装修"店铺。面对形形色色的店铺装修行动,稍不小心就走入了店铺装修的误区。下面介绍网店装修过程中常见的误区。

(1)店铺名称过于简洁

有的掌柜相信简单就是美,店名取得很简洁,只有几个字。殊不知,对于店铺名称,30个字的编辑限度是很重要的。比如做话费充值的店铺,起的名字是"话费点点充",可是买家在搜索店铺的时候,使用关键词"充值"、"话费充值"进行搜索,你的店铺都是找不到的。

小提示 为店铺取名时,要充分利用好30个字。因为很多人会利用搜索店铺这个方法来对宝贝进行搜索,所以店铺名称中应尽量包含更多的宝贝关键词。

(2)栏目分类太多

这也是一个非常大的误区。有些店铺的商品分类多达上百个,也许你会说店铺的东西多,必须这样分类。但是你要知道,分类是为了让买家一目了然地找到他需要的东西,分类这么多,一屏都显示不完,谁会愿意去仔细找你的分类?如图1-3所示的店铺中,左侧的栏目分类太多,而且杂乱无序,买家怎么能快速找到所需的商品呢?

图1-3 分类太多太杂

(3)图片过多过大

在有些店铺的首页中,店标、公告及栏目分类等,全部都使用图片,而且这些图片非常大。虽然图片多了,店铺一般会更美观,但是却使买家浏览的速度变得非常慢,店铺的栏目

图1-4 图片过大

半天都看不到,或者重要的公告也看不到,如图1-4所示,那还有什么效果?

(4)存放图片的空间速度太慢

去测试一下你存放图片的空间服务器速度是否正常,并测试服务器是否有区域限制。很多服务器在不同的ISP提供商,访问速度是完全不同的,甚至会出现打不开的现象,那么店铺的公告、分类,别人也许就看不到。如果产品介绍里的图片或产品介绍的模板页面看不到的话,那就惨了。

(5)动画过多

将店铺布置得像动画片一样闪闪发光,能闪的地方都让它闪起来:店标、公告、宝贝分类,甚至宝贝的图片、浮动图片。动画固然可以吸引人的视线,但是使用过多的动画会占用大量的宽带空间,网页下载速度更慢。而且使用这么多的动画,浏览者看起来会很累,也突出不了重点,如图1-5所示,此店铺使用了过多的动画。

(6)宝贝名字过长

将宝贝名字、分类名字取得很长,这样做的好处是被搜索到关键词的可能性增大。但太长的宝贝名字将无法在列表中完整显示。还有些掌柜为了引起买家的注意,在名字中加上一长串其他符号,但真正的买家是不会过于关心这些的。把宝贝的特性、范围等表述清楚,再加入适当的广告词,这样就可以了。

图1-5 过多的动画

（7）店铺装修的色彩搭配

有些卖家把店铺的色彩搞得鲜艳华丽，把界面做得五彩缤纷。色彩总的应用原则应该是"总体协调，局部对比"，也就是说网店页面的整体色彩效果应该是和谐的，只有局部的、小范围的地方可以有一些强烈的色彩对比。在色彩的运用上，可以根据网店的需要，分别采用不同的主色调。店铺的产品风格、图片的基本色调、公告的字体颜色最好与店铺的整体风格对应，这样出来的整体效果和谐统一，不会让人感觉很乱，如图1-6所示是色彩搭配合理的店铺。

（8）页面设计过于复杂

旺铺装修切忌繁杂，不要把旺铺设计成门户类网站。虽然把旺铺做成大网站看上去比较有气势，使人感觉店铺很有实力，但却影响了买家的使用，他要在这么繁杂的一个店铺里找到自己想要的商品，不看得眼花才怪呢！所以说，不是所有可装修的地方都要装修或者必须装修，个别地方不装修效果反而更好。总之一句话，要让买家进你的店铺后能够较便利地找到自己所要购买的商品，能够快捷地看清商品的详情。

图1-6 色彩搭配合理的店铺

1.2 网店装修审美准则

在淘宝开店以后,装修就成了首要任务。装修上了档次,顾客会觉得你是实力卖家,自然也就多了一层信任。装修好的店铺会让人一进去就爱上这里,喜欢它的风格、分类,以及颜色搭配,从而拉近卖家和买家之间的距离。

1.2.1 网店的风格

网店风格是指网店界面给买家的直观感受,买家在浏览的过程中所感受到的店主品味、艺术气氛、人的心境等。在经营网店的过程中,应该让网店的格调最大限度地符合大众的审美观念,赢得顾客的好评,如图1-7所示,属于经营农家特产的店铺风格。

装修店铺首先要确定店铺的主题,以此来定位商品特色和店铺装修的风格。然后根据店铺的商品特色进行素材收集、图片处理,以及店铺招牌、促销区、分类导航区的设计,这样一步一步就可以完成整个店铺的装修了。

图1-7 经营农家特产的店铺风格

1.2.2 网店审美的通用原则

网店页面设计既是一项技术性工作,又是一项艺术性很强的工作。因此,设计者在装修网店时除了要考虑网店本身的特点外,还要遵循一定的艺术规律,从而设计出色彩鲜明、风格独特的网店。网站装修应该遵循的审美三原则如下。

(1)特色鲜明

一个网店的用色必须要有自己独特的

风格，这样才能显得个性鲜明，给浏览者留下深刻的印象，如图1-8所示是特色鲜明的网店。

（2）搭配合理

网店页面设计虽然属于平面设计范畴，但它又与其他平面设计不同，它在遵循艺术规律的同时，还要考虑人的生理特点。色彩搭配一定要合理，给人一种和谐、愉快的感觉，避免采用纯度很高的单一色彩，否则容易造成视觉疲劳，如图1-9所示是搭配合理的店铺页面。

图1-8 特色鲜明的网店

图1-9 搭配合理的店铺页面

（3）讲究艺术性

网店装修设计也是一种艺术活动，因此它必须遵循艺术规律，在考虑到网店本身特点的同时，按照内容决定形式的原则，大胆进行艺术创新，从而设计出既符合网店要求，又有一定艺术特色的网店。

1.3 网店装修的一般流程

网店的装修步骤有哪些？下面介绍网店装修的一般流程。在店铺正式开业之后，和传统店铺一样，为了能正常营业、吸引顾客，需要对店铺进行相应的装修，主要包括取一个好店名、确定装修风格、注重修饰细节等。

（1）取个好店名很重要

网店取名也是很有学问的。一个有特色的店名不仅能使买家记住你，还能使买家对你的店铺产生好感，促成交易并成为你的忠实客户。

网店店名会在一定程度上影响网店的访问量。为什么这么说呢？以"淘宝"为例，淘宝网目前有搜索店铺和搜索宝贝的功能，所以说店名以易记为取名原则，以便让买家在搜索时尽快找到。

图1-10 男装店铺采用黑白搭配的风格

（2）确定装修风格

众所周知，开店，门面很重要；开网店，门面同样很重要，只不过这个门面如今变成了网店的页面。经过美化后的页面对商品销售同样有一定的辅助作用，不仅能让买家注意到你的产品，增加"逛店"的乐趣、提高点击率，还可以极大地提升购买机会。

网店设计风格要与主营产品相符。针对不同的消费群体有不同的主题模板。一般来说，插画、时尚可爱、桃心、花边等风格适合女装类店铺，而黑白搭配、有金属质感的设计风格更适合男性商品店铺，如图1-10所示是男装店铺采用黑白搭配的风格。

网店的整体风格要一致。从店标的设计到主页的风格，再到宝贝页面，应采用同一色系，最好有同样的设计元素，让网店有整体感。在选择分类栏、店铺公告、音乐、计数器等东西的时候要有整体考虑。一会儿浪漫温馨，一会儿又搞笑幽默，风格不统一是网店装修的大忌。

（3）注重修饰细节

虽然开店平台都会提供免费的模板，但是这远远不能满足店主的需求。试想，千篇一律的网店页面如何能使你的店铺脱颖而出。因此，网店装修成了新手卖家必修的功课。

对淘宝网店进行装修设计，必须了解淘宝对自定义店铺的规定。对于普通店铺来说，可以发挥的空间有：店铺公告、宝贝分类、店标/论坛头像、签名、宝贝描述。除此之外，还有计数器、背景音乐、挂件、欢迎欢送图片、掌柜在线时间、营业时间、联系方式等。

第2章
网店页面的元素与布局

 本章指导

设计网店页面的第一步是设计页面布局。好的页面布局会令买家耳目一新,同样也可以使买家在店铺中比较容易找到他们所需要的商品,所以初学者应该对网店页面布局的相关知识有所了解。

网店页面的布局版式、展示形式直接影响买家使用的方便性。合理的页面布局可以使买家快速发现店铺的核心商品和服务;如果页面布局不合理,买家不知道怎样获取所需的信息,或者很难找到相应的信息,那么他们很快就会离开这个网店。

2.1 网店栏目和页面设计策划

只有准确把握买家需求,才能做出买家真正喜欢的网店。如果不考虑买家需求,网店的页面设计得再漂亮,功能再强大,也只能作为摆设,无法吸引买家,更谈不上将他们变为网店的客户。

2.1.1 为什么要进行策划

一个成功的网店,不在于投资多少钱,不在于有多少高深的技术,也不在于市场有多大,而在于这个网店是否符合市场需求,页面是否符合体验习惯,是否符合运营基础。专业的网店策划,可以带来以下几个好处。

(1)避免日后返工,提高运营效率。很多网店店主不是 IT 行业人士,总是在不断地修改网店页面。所以,为了避免以后不停地返工修改网店页面,事先对网店的各个环节进行细致的策划是非常必要的。

(2)避免重复烧钱,节约运营成本。当网店设计好后,为什么总是没有买家呢?即使花很多钱去推广,到最后也没有留住买家。那是因为网店的各个环节,尤其是用户的体验环节定位出了问题。所以店铺做出来之后,总是无法留住买家。因此,如果想节省网店推广的钱,那就仔细反省一下网店自身的定位,做好网店的策划。

(3)避免投资浪费,提高成功几率。在开始网店之前,一定要做一次细致的策划,如市场的考察、赢利模式的研究、网店的定位。只有进行了专业的思考和策划,才可以使投资人的钱不白花,避免投资浪费。

(4)避免教训,成功运营。策划网店时,不但要策划网店的具体内容栏目,更多的时候是要策划网店的市场定位、运营模式、运营成本等重要的运营环节。

2.1.2 网店的栏目策划

网店栏目策划的重要性常被忽略。其实,网店栏目策划对于网店的成败有着非常直接的关系,网店栏目兼具以下两个功能,二者缺一不可。

1. 提纲挈领，点题明义

网速越来越快，网络的信息越来越丰富，买家却越来越缺乏耐心，打开网店超过10秒钟或一旦找不到自己所需的信息，就会毫不客气地关掉页面。要想让浏览者停下匆匆的脚步，就要让他们清晰地看到店铺内容的"提纲"，也就是网店的栏目。

网店栏目的规划，其实也是对网店内容的高度提炼。即使是文字再优美的书籍，如果缺乏清晰的纲要和结构，恐怕也会被淹没在书本的海洋中，网店也是如此。无论网店的内容有多精彩，如果缺乏准确的栏目提炼，也难以引起浏览者的关注。

因此，网店的栏目规划首先要做到"提纲挈领、点题明义"，用最简练的语言提炼出网店中每一个部分的内容，清晰地告诉买家有哪些信息和功能，如图2-1所示的网店栏目很清晰，具有提纲挈领的作用。

2. 指引迷途，清晰导航

网店的内容越多，浏览者也越容易迷失。除了"提纲"的作用之外，网店栏目还应该为浏览者提供清晰直观的指引，帮助买家方便地找到所需的商品。网店栏目的导航作用，通常包括以下两种情况。

（1）顶部导航：顶部导航可以帮助买家快速找到所需栏目。通常来说，顶部导航的位置是固定的，以减少浏览者查找的时间，如图2-2所示顶部导航既有商品分类又有其他导航信息。

（2）产品栏目导航：一般产品栏目导航在页面左侧，也就是宝贝分类。产品分类越清晰越好，通过单击分类可以快速找到相关的产品信息，如图2-3所示是产品栏目导航。

图2-1　网店栏目具有提纲挈领的作用

图2-2 顶部导航

图2-3 产品栏目导航

（3）快捷搜索：对于网店的老顾客而言，需要快捷地找到所需商品，"快捷搜索店内宝贝"为这些顾客提供直观的搜索，减少点击次数和时间，提升浏览效率，如图2-4所示是快捷搜索。

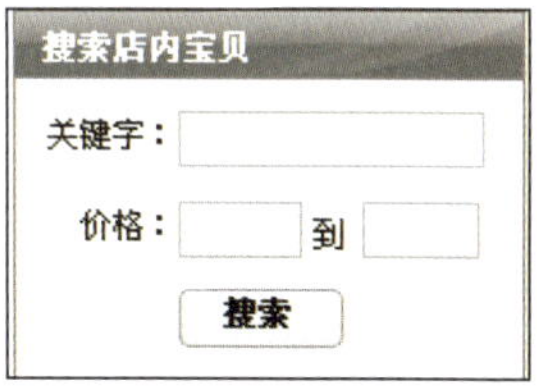

归根结底，成功的栏目规划，还是基于对买家需求的理解。对于买家需求理解得越准确，越深入，网店的栏目也就越有吸引力，能够留住越多的潜在客户。

图2-4 快捷搜索

2.1.3 网店的页面策划

网店页面是网店销售商品的最终表现层，也是买家访问网店的直接接触层。对于页面设计的评估，最有发言权的是网店的买家，好的网店策划者要善于从买家的浏览行为中捕捉买家的意见。

网店策划者在做页面策划时，应该遵循以下原则。

（1）符合客户心理的网店特点及行业属性

在买家打开页面的一瞬间，让买家直观地感受到网店所要传递的理念及特征，如页面色彩、图片、布局等。

（2）符合买家的浏览习惯

根据页面内容的重要性进行排序，让买家用最少的光标移动，找到所需信息。

（3）符合买家的使用习惯

根据网络买家的使用习惯，将店铺最有特色的商品放置于醒目的位置，便于买家的查找及使用，如图2-5所示是将特色商品重点展示。

图2-5　将店铺最有特色的商品重点展示

（4）图文搭配，重点突出

买家对图片的认知程度远高于对文字的认知程度，适当地使用图片可以提高买家的关注度。此外，确立页面的视觉焦点也很重要，过多的干扰元素会让买家不知所措。

（5）利于搜索引擎优化

减少Flash和大图片的使用，多用文字描述，以便于搜索引擎更容易收录网店，让买家更容易找到所需商品。

2.2　网店布局的基本元素

在一个完整的淘宝旺铺中，网店页面通常包括的元素有：店招、公告、促销栏、宝贝分类导航、宝贝展示区、宝贝描述、计数器、欢迎欢送图片、联系方式等，如图2-6所示为典型的网店元素布局。

（1）店招

顾名思义，店招是一个店铺的招牌。对于网店的店招来说，必须放在店铺的最上方，用来说明经营项目，是招揽顾客的牌子。

店招首先应说明店铺是经营什么的，有什么特色使顾客必须在这里停留，同时还要注意店招大小，不能做短了，否则会显得既不专业又不协调。

（2）公告栏

店铺公告栏是每家店铺必备的栏目。公告是用来向买家展示自己店铺里有什么新品、新优惠政策的绝佳平台，同时也是买家获取店铺信息的重要渠道。

图2-6 典型的网店元素布局

（3）促销栏

促销栏的长度一般是750像素左右，高度没有限制，这里比店招有更重要的广告价值。促销栏通常是越大越好，但高度不能太高，其中的内容要有动感，给顾客一种像在看电视的感觉，内容也不要过于单一。动态的内容最好置于整个促销栏的左上方，因为这里正处在顾客视野的正中央，最容易引起注意。

（4）宝贝分类导航

这也是每个店铺都有的。在建立目录的时候应该遵循一些原则，比如说按字母顺序来排列产品分类，并在顶上加以注解，这样就会更人性化，节省顾客搜寻所需宝贝的时间。

店铺类目的装修是重中之重。在店铺类目中，不仅可以很方便地用各种图片来展示商品分类，还可以通过图片及图片上的文字来表达想要表达的任何内容（例如：欢迎光临、营业时间等）。好的店铺类目装修可以很好地配合店铺装修并凸显卖家个性。

店铺分类的颜色、图案和文字最好与店招有一定的呼应，这样在整体上会有一种连续性和协调感。一般情况下，在分类的最下边还会加上联系方式、营业时间、计数器的图片。

（5）宝贝描述

该内容是在买家对产品有兴趣之后，点击进入后看到的页面，这里对于大家来说可操作的内容是最多的，需要注意的是要使描述具有层次性，条理清楚，各个部分尽量独立，如图2-7所示的是打开的宝贝描述页面。

（6）计数器

计数器不是必备的，但是，有了它，卖家能够更好地揣摩买家的心思。如果你的店铺人气很高，买家看到他（她）中意的东西之后又看到人气这么旺，肯定是保质保量，并且售后可能也不会很差，于是

图2-7 打开的宝贝描述页面

就留下了一个很好的印象，非常有利于成交。

通常在这些地方都可以添加计数器：一是在公告栏里；二是在产品的分类导航栏里；三是在描述模板里。

（7）联系方式

对于旺铺，联系方式最好放在促销模板的右下角，因为人们的习惯通常都是把署名、联系方式、日期等放在右下角。在描述模板的顶端或底端也都可以添加联系方式。对于普通店铺来说，联系方式可以放在公告栏或者分类的顶端。

2.3 页面布局设计

网店页面设计要讲究编排和布局，虽然网店页面设计不同于平面设计，但它们有许多相近之处，应加以利用和借鉴。为了达到最佳的视觉效果，应讲究整体布局的合理性，使浏览者有一个流畅的视觉体验。

2.3.1 页面布局原则

页面在设计上有许多共同之处，如报纸等，也要遵循一些设计的基本原则。熟悉一些设计原则，再考虑一下页面的特殊性，便不难设计出美观大方的页面来。网店页面设计有以下基本原则，熟悉这些原则将对页面的设计有所帮助。

1. 主次分明，中心突出

在一个页面上，必须考虑视觉的中心，这个中心一般在屏幕的中央，或者在中间偏上的部位。因此，一些重要商品或内容一般可以安排在这个部位，在视觉中心以外的地方就可以安排那些稍微次要的内容，这样在页面上就突出了重点，做到主次有别，如图2-8所示的页面的中间偏上位置放置着重要的推荐商品。

2. 大小搭配，相互呼应

对待商品展示的多个图片的安排要互相错开，使大小图像之间有一定的间隔，这样可以使页面错落有致，避免重心的偏离，如图2-9所示的图片搭配就很美观。

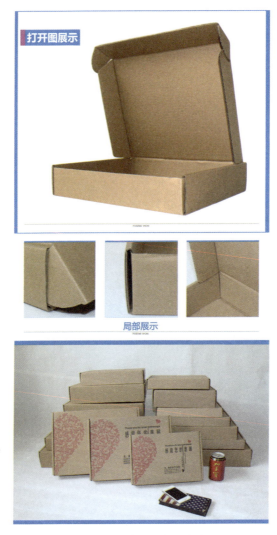

图2-8 主次分明中心突出

3. 页面布局时的一些元素

格式美观的正文、和谐的色彩搭配、较好的对比度、具有较强可读性的文字、生动的背景图案、大小适中的页面元素、布局匀称、不同元素之间有足够空白、各元素之间保持平衡、文字准确无误、无错别字、无拼写错误,如图2-10所示。

第2章 网店页面的元素与布局　　33

图2-9　图片搭配就很美观

4. 文本和背景的色彩

考虑到大多数人使用256色显示模式，因此一个页面显示的颜色不宜过多，主题颜色通常只需要2～3种，并采用一种标准色。

5. 简洁与一致性

保持简洁的常用做法是使用醒目的标题，这个标题常常采用图形表示，但图形同样要求简洁，另一种保持简洁的做法是限制所用字体和颜色的数目。

要保持一致性，可以从页面的排版下手，各个页面文本、图形之间保持相同的间距，主要图形、标题或符号旁边留下相同的空白。

图2-10　文字排版精美细致

2.3.2 网店页面内容的排版

网店页面拥有传统媒体不具有的优势，例如能够将声音、图片、文字、动画相结合，营造一个富有生机的独特世界，同时它拥有极强的交互性，使买家能够参与其中，同设计者相互交流。

现在的网店页面通常具有的内容是文字、图片、符号、动画、按钮等。其中文字占很大的比重，因为现在网络基本上还是以传递信息为主，而文字是最有效的一种方式。其次是图片，添加图片不但可以使页面更加活泼，而且可以直观形象地说明问题。

页面上比较好的文本排版是这样的：一般文本的排版整体性好，浏览起来通畅而丝毫没有阻碍，理解内容更加容易。文字的大小应该适中，如果太大浏览起来增加了翻页的难度，太小看起来太累。因此这是值得每一个设计者慎重考虑的。用色也要考虑，一般用区别于主体的颜色可以起到强调作用，但是凡事都是过犹不及，一个整体的文字内容里用的颜色太多，势必会影响读者的理解，也会影响他们使用的心情，导致厌倦的情绪，如图2-11所示的网店页面中的文字排版，采用了表格排列，文字清晰明了。

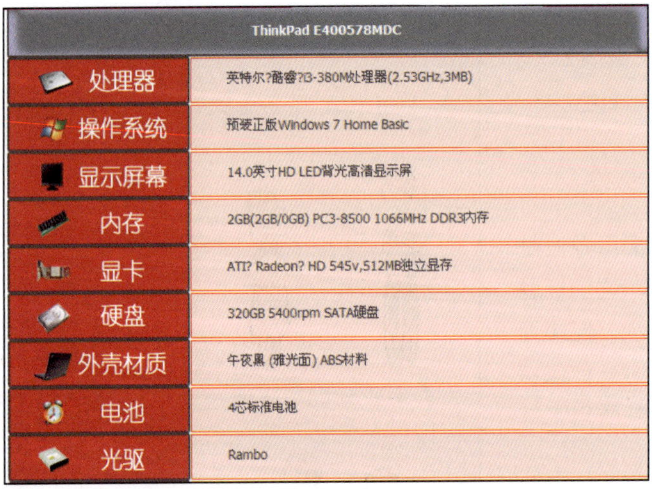

ThinkPad E400578MDC	
处理器	英特尔?酷睿?i3-380M处理器(2.53GHz,3MB)
操作系统	预装正版Windows 7 Home Basic
显示屏幕	14.0英寸HD LED背光高清显示屏
内存	2GB(2GB/0GB) PC3-8500 1066MHz DDR3内存
显卡	ATI? Radeon? HD 545v,512MB独立显存
硬盘	320GB 5400rpm SATA硬盘
外壳材质	午夜黑 (雅光面) ABS材料
电池	4芯标准电池
光驱	Rambo

图2-11 网店页面中的文字排版

图片在网店页面设计中也占据很重要的地位，由于图片的加入使网店页面更加丰富多彩，所以把图片用好是非常重要的。有几个值得注意的地方，图片不能太大，受带宽的限制，人们是很难忍受等待之苦的，这就要求把图片的体积缩小，同时又要使图片尽量清楚、直观，最大限度地发挥它的作用，把握这个度是很关键的；另外图片的排版也很讲究，特别是多图的情况，既要使图片与图片之间有联系，同时又要融为一个整体，使之看起来有条理，如图2-12所示的是页面中的多图排版。

图2-12 页面中的多图排版

小提示

在进行网店页面布局时应注意以下几点。
- 从上到下，从左到右，按照内容重要性的优先级有序展开。
- 重要内容放在靠前的位置。
- 建立清晰的视觉层次。
- 页面布局清晰明确，同级的页面布局一致。

第3章
网店页面的视觉元素设计

 本章指导

  一般来说,网店的视觉元素主要有文字、图片、按钮这几类,还包括多媒体等,这些是网店外观设计的组成部分,服从于网店的整体风格需要。用好视觉元素,能使买家获得更好的在线体验。

3.1 网店导航设计

网店的导航是网店内容架构的体现，网店导航是否合理是网店易用性评价的重要指标之一。正确的网店导航要做到便于浏览者的理解和使用，让浏览者无论进入网店的哪一页，都很清楚自己所在的位置，很容易返回网店首页。

3.1.1 导航设计的基本要求

简单直观的导航不仅能提高网店易用性，而且方便浏览者找到所需的信息，有助于提高用户转化率。导航设计在整个网店的设计中举足轻重。导航有许多方式，常见的有图片导航、按钮导航、文字导航，如图3-1所示是按钮导航。

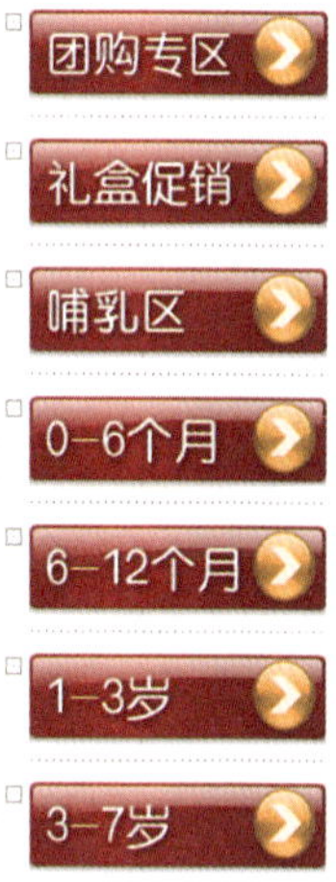

在设计导航时要注意以下基本要求。

（1）明确性：无论采用哪种导航策略，导航的设计应该明确，让浏览者能一目了然。具体表现为：让浏览者明确店铺的主要商品范围；让浏览者清楚了解自己所处的位置等。只有明确的导航才能真正发挥"引导"的作用，引导浏览者找到所需的信息。

（2）可理解性：导航对于浏览者应该是易于理解的。在表达形式上，要使用清楚简洁的按钮、图片或文本，避免使用无效字句。

图3-1 按钮导航

（3）完整性：要求网店所提供的导航具体、完整，从而可以让浏览者获得整个网店范围内的领域性导航，同时涉及网店中全部的信息及其关系。

（4）咨询性：导航应该能给买家提供咨询信息，它如同一个问询处、咨询部，当浏览者有需要的时候，能为使用者提供导航。

（5）易用性：导航系统应该容易进入，同时也要容易退出当前页面，或让使用者以简单的方式跳转到想要去的页面。

只有考虑到以上这些导航设计的要求，才能保证导航策略的有效，进而发挥导航策略应有的作用。

3.1.2 导航的基础要素

全局导航也称为主导航,是出现在网店每一个页面上的一组通用导航元素,以一致的外观出现在网店的每一个页面,扮演着对浏览者最基本的访问进行方向性指引的角色。

对于大型电子商务网店来说,导航还应当包括搜索与购买两大要素,以方便浏览者在任意页面均能进行产品搜索与购物,如图3-2展示的是网店的全局导航。

图3-2 网店的全局导航

指点迷津

一般网店的全局导航包括三个基本设计要素。
- 店铺名称:网店顶部的店招或店铺名称必须添加返回首页的超链接。
- 返回首页:每个全局导航左边的位置应该出现返回首页的提示及超链接。
- 全站基础栏目(一级栏目)。

3.1.3 导航设计注意要点

在设计导航时可以采用文本链接方式,一些网店为了表现网店的独特风格,在导航条上使用Flash或图片等作为导航。以下是一些常见的导航设计注意事项。

- 导航使用的简单性。导航的使用必须尽可能简单,避免使用下拉或弹出式菜单导航,如果一定要用,那么菜单的层次不要超过两层。
- 不要采用"很酷"的表现技巧。如把导航藏起来,只有当鼠标停留在相应位置时才会出现,这样虽然看起来很酷,但是浏览者更喜欢可以直接看到的选择。
- 注意超链接颜色与单纯叙述文字的颜色呈现。
- 测试所有的超链接与导航按钮的真实可行性。网店制作完成发布后,第一件该做的事,是逐一测试每一页的超链接与每一个导航按钮的真实可行性,彻底检验有没有失败的超链接。
- 导航内容必须清晰。导航的目录或主题种类必须清晰,不要让浏览者困惑,而且如果有需要突出主要页面的区域,则应该与一般页面在视觉上有所区别。

- 准确的导航文字描述。买家在点击导航链接前对他们所找的东西有一个大概的了解，超链接上的文字必须能准确描述超链接所指向的页面内容。

3.2 页面中的文字设计

文字是人类重要的信息载体和交流工具。虽然文字不如图片直观、形象，但是却能准确地表达信息的内容和含义。在确定页面的版面布局后，还需要确定文本的样式，如字体、字号和颜色等，还可以将文字图形化。

3.2.1 文字的字体、字号、行距

页面中中文默认的标准字体是"宋体"，英文是"Times New Roman"。如果在页面中没有设置任何字体，在浏览器中将以这两种字体显示。

字号大小可以使用磅（point）或像素（pixel）来确定。一般页面常用的字号大小为12磅左右。较大的字体可用于标题或其他需要强调的地方，小一些的字体可以用于页脚和辅助信息。需要注意的是，小字号字体容易产生整体感和精致感，但可读性较差。

无论选择什么字体，都要考虑到页面的总体设计和浏览者的需要。在同一页面中，字体种类少，版面雅致，有稳重感；字体种类多，则版面活跃，丰富多彩。关键是如何根据页面内容来掌握这个比例关系。

行距的变化也会对文字的可读性产生很大影响，一般情况下，接近字体尺寸的行距设置比较适合正文，如图3-3所示的文字字体、字号和行距都比较合适。

3.2.2 文字的颜色

使用不同颜色的文字可以使想要强调的部分更加引人注目，但应该注意的是，对于文字的颜色，只可少量运用，如果什么都想强调，其实是什么都没有强调。况且，在一个页面上运用过多的颜色，会影响浏览者阅读页面内容，除非有特殊的设计目的。

颜色的运用除了能够起到强调整体文字中特殊部分的作用之外，对于整个文案的情感表达也会产生影响。

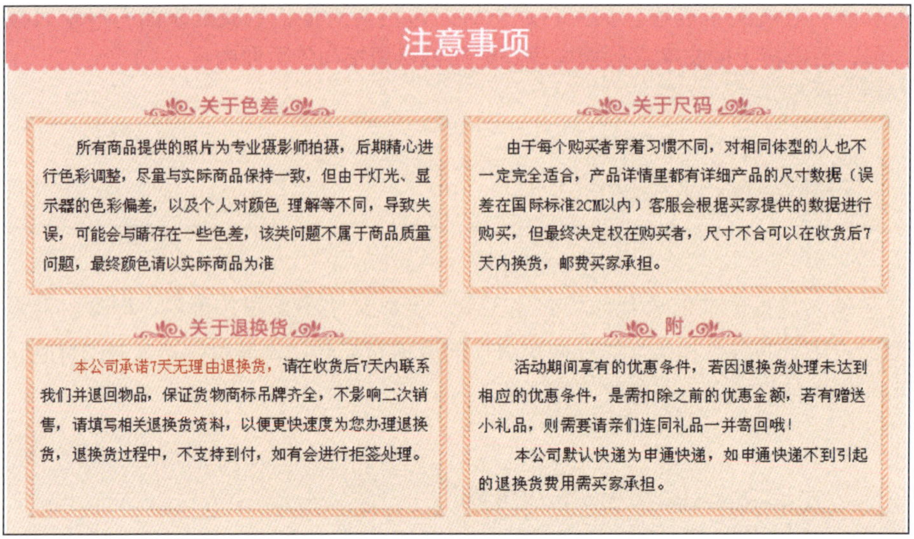

图3-3 文字的字号行距

另外需要注意的是文字颜色的对比度，它包括明度上的对比、纯度上的对比，以及冷暖的对比。这些不仅对文字的可读性产生作用，更重要的是，可以通过对颜色的运用实现想要的设计效果、设计情感和设计思想，如图3-4所示是搭配合理的文字颜色，重点突出。

图3-4 搭配合理的文字颜色

3.2.3 文字的图形化

所谓文字的图形化，即把文字作为图形元素来表现，同时又强化了原有的功能。作为页面设计者，既可以按照常规的方式来设置字体，也可以对字体进行艺术化的设计。无论怎样，都应该把如何更出色地实现自己的设计目标作为第一原则。

将文字图形化，以更富创意的形式表达出深层的设计思想，以此克服页面的单调与平淡，从而打动人心，如图3-5所示为图形化的文字。

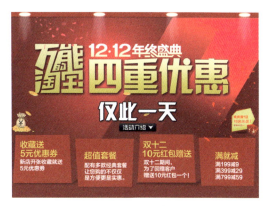

图3-5　图形化的文字

3.2.4 让文字易读

文字是帮助买家获得网店信息的重要手段，因而文字的易读性和易辨认性是设计网店页面时的重点。

正确的文字和配色方案是好的视觉设计的基础。网店上的文字受屏幕分辨率和浏览器的限制，但是仍有一些通用的准则：文字必须清晰可读，大小合适，文字的颜色和背景色有较为强烈的对比度，文字周围的设计元素不能对文字造成干扰，如图3-6所示的页面，其文本采用表格排列，更容易阅读。

尺寸(CM)	100	110	120	130	140	150	160
衣长	57	60	64	68	72	76	
肩宽							
胸围	60	64	68	72	76	80	
腰围	56	59	62	66	70	74	
下摆							
袖长							
袖口							

图3-6　文字易读

指点迷津

在进行网店的页面文字排版时要做到以下几点：

- 避免字体过于黯淡导致阅读困难。
- 字体色与背景色对比明显。
- 字体颜色不要太杂。
- 有链接的字体要有所提示，最好采用默认链接样式。
- 标题和正文所用的文字大小有所区别。
- 英文和数字应选用与中文字体搭配在一起较和谐的字体。

3.3 页面中的图片应用

网上开店有别于日常的面对面交易,买家难于亲身感受商品的质地、做工、细节及其他的商品特点,在这种大环境下,商品图片就变得至关重要了。

3.3.1 让买家心动促成交易,商品图片是关键

图片的好坏直接关系到交易的成败,一张好的商品图片能向买家传递很多信息,起码应该能反映出商品的类别、款式、颜色、材质等基本信息。在这个基础上,要求图片拍得清晰、主题突出以及颜色还原准确,具备这些要素后,还可以在上面添加货号、美化装饰品、店铺防盗水印、店铺链接等。

要把一件商品完整地呈现在买家面前,让买家对商品在宏观上、细节上有一个深层次的了解,刺激买家的购买欲望,一件商品的图片至少要两张。

(1)第一张图片是该商品的整体效果,通过整体图片买家可以对商品有一个总体了解,如图3-7所示是一套沙发的整体图片。

图3-7 整体图片

- 注意背景问题，适当加一个背景可以更好地展示商品。但背景千万不要喧宾夺主，牢记我们的图片是用来表现商品的，主次要分明，如图3-8所示为添加了适当背景的图片和文字。

图3-8　添加了适当背景的图片和文字

- 商品照片的配件，顾名思义就是配合点缀衬托商品的小东西，所占的图片不能太大，不然就可能喧宾夺主，如图3-9所示。

图3-9　搭配饰品

- 有条件的卖家推荐用真人模特,因为以上两点只是给买家一个纯物件的概念,真的佩戴穿着起来是什么概念,买家心里没底,不知合适不合适,如果有真人示范的话,这其实就是给买家最好的定心丸。
- 外景拍摄,有些商品需要外出拍摄,配合四季的气息融合该商品,给人一种自然的感觉,所以有时外景拍摄也是不错的选择,如图3-10所示的是商品采用外景拍摄。

图3-10 采用外景拍摄

(2)第二张图片是该商品的细节图,因为上面说到的几点只是图片宏观上的概念,买家可能有购买意向,但缺乏对细节上的把握,有可能放弃,所以适当加入一两张商品的细节图有助于买家对商品细节的认知。如图 3-11 所示的是商品细节图。

图3-11 商品细节图

一张好的图片能起到事半功倍的作用,但前提是图片质量要过关,一张模糊的图片不仅影响买家对该商品的认知,还会影响买家浏览时的心情。

> **指点迷津**
>
> 在发布商品时上传的宝贝图片大小应小于500KB，支持JPG、PNG、GIF等格式。在页面中使用图片还需要注意以下几点。
> - 除了图片的内容以外，还要考虑图片的大小，如果图片文件太大，浏览者在下载时会花费很长的时间等待，这将会大大影响浏览者的下载意愿。所以一定要尽量压缩图片的文件大小。
> - 图片的主体最好清晰可见，图片的含义最好简单明了。图片文字的颜色和图片背景颜色最好对比鲜明。
> - 对于页面中的重要图片，最好添加提示文本。这样做的好处是，即使浏览者关闭了图片显示或由于网速而使图片没有下载完，浏览者也能看到图片的说明，从而决定是否下载图片。如图3-12所示的商品分类图片添加了提示文本。

图3-12 添加提示文本

3.3.2 商品图片的诚信原则

网上购物，信任很重要，如何给消费者一种信任感，是掌柜们需要研究的问题。图片最重要的功能并不是吸引买家，而是展示商品。当消费者浏览过商品之后，商品的每一部分细节，甚至包括不足之处都让他们了然于心。诚信的态度，才是网店发展的基础。有些掌柜喜欢把商品拍摄得比实物更好，这样做固然可以吸引很多人，但是自身商品如果有缺陷，反而会引发后续交易纠纷，对网店来说，会丧失信用，很难留住买家。

> **指点迷津**
>
> 掌柜们在展示图片的时候，应该保证图片清晰，尽量不要采用官方图片或者跟其他店雷同的图片，一定要做出自己的特色。图片的风格与模板要统一，这样会让自己的商品拥有更高的识别度。

如图3-13所示是网上最常见的且有误导倾向的图片，它不是采用商品实物拍摄，而是采用一些时尚杂志上的图片。虽然很有诱惑性，但也最容易引起售后纠纷。

图3-13 有误导倾向的图片

由于图片的作者具有专业摄影师的娴熟技巧，使这件商品既有商品美感，又有强烈的吸引力，刺激着买家的购买欲望。初看时，很容易被它打动，当买家发现网上有很多店铺都使用这张图片时，自然会质疑这张图片的真实性，如果买家看到那些商品图片与收到的实物差别很大，最终受害的还是卖家。

3.3.3 使用模特实拍，增加商品的直观视觉效果

图3-14 使用真人实拍

商品图片不仅要吸引人、清晰漂亮，还要向买家传达丰富的商品信息，如商品的大小、感觉等这些看不准、摸不着的信息。如果想用心经营一个属于自己的品牌店，采用模特实拍图片是必不可少的。建议经营服装、包包、饰品等商品的卖家用真人做模特拍摄图片，给买家传达更多的信息。

一些服装店采取真人实拍的方式展示商品，他们往往采取尺寸和模特展示相结合的方式。除了手工量尺寸外，还会公布展示模特的身高、体重、三围等指标，不但可以明确服装尺寸，还可以方便消费者对比穿着的效果。而且模特的姿势也是各式各样，这样能显示出服装的版型和试穿效果。相比平铺的衣服照片，使用真人模特的照片更能体现衣服的试穿效果，如图3-14所示是真人实拍效果。

第3章 网店页面的视觉元素设计

利用人体模特或者真人模特进行拍摄，能够更好地展现出商品的线条和样式。还能美化店铺，吸引买家的眼球，店铺浏览量也会随之提高。

3.4 让按钮更易点击

按钮是网店界面中伴随着买家点击行为的特殊图片，按钮在设计上有较高的要求。按钮设计的基本要求是要达到"点击暗示"效果，凹凸感、阴影效果、水晶效果等均是这一原则的网络体现。同时，按钮中的可点击范围最好是整个按钮，而不仅限于按钮图片上的文本区。如图3-15所示的店铺页面按钮设计得非常漂亮。

图3-15　店铺页面的按钮

指点迷津

可以通过以下几点来设计按钮，让它更易被点击。
- 按钮颜色与背景颜色有一定的对比度。
- 按钮有浮起感，可点击范围足够大，包括整个按钮。
- 按钮文字提示明确，如果没有文字，确信所使用的图形按钮是约定俗成、容易被买家理解的图片。
- 对顾客转化起重要作用的按钮用色突出一点，尺寸大一点。

第4章
网店页面的创意和风格

 本章指导

许多网店都设计得十分具有创意,这样也更方便展示商品,因为具有创意的页面往往可以体现出一个店铺的整体水平。甚至可以招揽到更多的生意。既然是创意设计,视觉冲击肯定是最重要的。网店的整体风格及其创意设计也是最难把握的,它没有一个固定的格式可供参照和模仿。

4.1 页面设计创意思维

一个网店如果想确立自己的形象,就必须具有突出的个性。在页面设计中,要想达到吸引买家、引起买家购买的目的,就必须依靠网店自身独特的创意,因此创意是网店生存的关键。好的创意能巧妙、恰如其分地表现主题、渲染气氛,增加页面的感染力,让人过目不忘,并且能使页面具有整体协调的风格。

4.1.1 什么是创意

创意是引人入胜、精彩万分、出其不意的想法;创意是捕捉出来的点子,是创作出来的奇招。创意并不是天才的灵感,而是思考的结果。创意是将现有的要素重新组合。在网店页面设计中,创意的中心任务是表现主题。因此,创意阶段的一切思考,都要围绕主题来进行,如图4-1所示的页面设计很有创意。

图4-1 创意设计

4.1.2 创意思维的原则

1. 审美原则

好的创意必须具有审美性。一种创意如果不能给浏览者带来美好的审美感受,就不会产生好的效果。创意的审美原则要求所设计的内容健康、生动、符合人们的审美观念,如图4-2所示是设计美观的页面。

图4-2　符合审美原则的创意设计

2. 目标原则

创意自身必须与创意目标相吻合,创意必须能够反映主题、表现主题。网店页面设计必须具有明确的目标,网店页面设计的目的是为了更好地体现网店内容,如图4-3所示的创意的目标是突出店铺的皮包。

图4-3　符合目标原则的创意设计

3. 系列原则

系列原则符合"寓多样于统一之中"这一形式美的基本法则,是在具有同一设计要素或同一造型、同一风格或同一色彩、同一格局等基础上进行连续的发展变化,既有重复的变迁,又有渐变的规律。这种系列原则,给人一种连续、统一的形式感,同时又具有一定的变化,增强了网店的固定印象和信任度,如图4-4所示为符合系列原则的创意设计。

图4-4 符合系列原则的创意设计

4. 简洁原则

设计时要做到简洁原则：

一是要明确主题，抓住重点，不能本末倒置、喧宾夺主。

二是注意修饰得当，要做到含而不露、蓄而不发，以朴素、自然为美，如图4-5所示为设计简洁的网店页面。

图4-5 设计简洁的网店页面

4.1.3 创意的产生过程

创意是传达信息的一种特别方式。创意产生的过程分如下5个阶段。

准备期：研究所搜集的资料，根据以往的经验，启发新创意。
孵化期：将资料消化，使意识自由发展，任意结合。
启示期：意识发展并结合，产生创意。
验证期：将产生的创意讨论修正。
形成期：设计制作网店页面，将创意具体化。

4.2 常见的创意方法

好的创意是在借鉴的基础上，利用已经获取的设计形式，来丰富自己的知识，从而启发创造性的设计思路。下面介绍常见的创意方法。

4.2.1 富于联想

联想是艺术形式中最常用的表现手法。在设计页面的过程中通过丰富的联想，能突破时空的界限，扩大艺术形象的容量，加深画面的意境。人具有联想的能力，它来自于人潜意识的本能，也来自于认知和经验的积累。联想是从事物、概念、方法、形象想到另一事物、概念、方法和形象的心理活动。如图4-6所示是由蒸锅联想到蒸熟的包子。

图4-6　富于联想

4.2.2 巧用对比

对比是一种趋向于对立冲突的艺术美中最突出的表现手法。在网店页面设计中，把网店页面所描绘的产品性质和特点放在鲜明的对比中来表现，相互衬托，从对比所呈现的差别中，达到集中、简洁、曲折变化的表现。通过这种手法更鲜明地强调或提示产品的特征，给买家以深刻的视觉感受，如图4-7所示。

图4-7 巧用对比

4.2.3 大胆夸张

夸张是一种追求新奇变化的手法，通过虚构把对象的特点和个性中美的方面进行夸大，赋予人们一种新奇与变化的情趣。按其表现的特征，夸张可以分为形态夸张和神情夸张两种类型。通过夸张手法的运用，为网店页面的艺术美注入浓郁的感情色彩，使页面的特征鲜明、突出、动人，如图4-8所示的页面大胆夸张地突出钻戒。

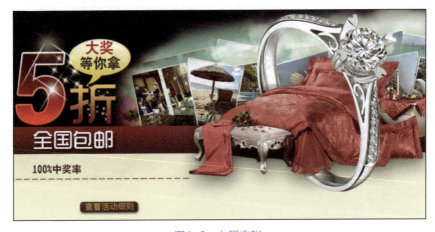

图4-8 大胆夸张

4.2.4 趣味幽默

幽默法是指页面中巧妙地再现喜剧性特征，抓住生活现象中局部性的东西，通过人们的性格、外貌和举止中某些可笑的特征表现出来。幽默的表现手法，往往运用饶有风趣的情节、巧妙的安排，把某种需要肯定的事物，无限延伸到漫画的程度，造成一种充满情趣、引人发笑而又耐人寻味的幽默意境。幽默的矛盾冲突可以达到出乎意料而又在情理之中的艺术效果，勾起观赏者会心的微笑，以别具一格的方式，发挥艺术感染力的作用，如图4-9所示。

图4-9 趣味幽默

4.2.5 善用比喻

比喻法是指在设计过程中选择两个各不相同，而在某些方面又有些相似的事物，"以此物喻彼物"，比喻的事物与主题没有直接的关系，但是某一点上与主题的某些特征有相似之处，因而可以借题发挥，进行延伸转化，获得"婉转曲达"的艺术效果。与其他表现手法相比，比喻手法比较含蓄隐伏，有时难以一目了然，但一旦领会其意，便能给人以意味无穷的感受，如图4-10所示的页面善用比喻。

4.2.6 以小见大

以小见大中的"小"，是页面中描写的焦点和视觉兴趣中心，它既是页面创意的浓缩和升华，也是设计者独具匠心的安排，因而它已不是一般意义的"小"，而是小中寓大，从以小胜大的高度提炼出的产物，是简洁的刻意追求，如图4-11所示的页面中，化妆品所占用的面积比较小，但是却是视觉的中心。

图4-10 善用比喻

图4-11 以小见大

4.2.7 偶像崇拜

在现实生活中，人们心里都有自己崇拜、仰慕或效仿的对象，而且有一种想尽可能地向他靠近的心理欲望，从而获得心理上的满足。这种手法正是针对人们的这种心理特点运用的，它抓住人们对名人偶像仰慕的心理，选择观众心目中崇拜的偶像，配合产品信息传达给观众。由于名人偶像有很强的心理感召力，故借助名人偶像的陪衬，可以有效提高产品的印象程度与销售地位，树立品牌的可信度，产生不可言喻的说服力，诱发消费者对广告中名人偶像所赞誉的产品的注意，激发其购买欲望，如图4-12所示。

图4-12　偶像崇拜

4.2.8　古典传统

这类页面设计以传统风格和古旧形式来吸引浏览者。古典传统创意适用于以传统艺术和文化为主题的网店，将我国书法、绘画、建筑、音乐、戏曲等传统文化中独具的民族风格，融入页面设计的创意中，如图4-13所示的页面是古典传统的创意风格。

图4-13　古典传统的创意风格

4.2.9　流行时尚

流行时尚的创意手法是通过鲜明的色彩、单纯的形象，以及编排上的节奏感，体现出流行的形式特征。设计者可以利用不同类别的视觉元素，给浏览者强烈、不安定的视觉刺激感和炫目感。这类网店以时尚现代的表现形式吸引年轻浏览者的注意，如图4-14所示为流行时尚的创意。

图4-14 流行时尚的创意

4.3 网店页面风格

风格是指在艺术上独特的格调,或某一时期流行的一种艺术形式。就网店的风格设计而言,它是汇聚了页面视觉元素的统一外观,用于传递企业文化信息。好的网店风格设计不仅能帮助浏览者记住网店,也能帮助网店树立别具一格的形象。网店的风格主要体现在网店的布局、色彩、图标、动画及网页特效之上。

4.3.1 大幅配图

一张好的图片胜过千言万语。因为在网络之前,印刷品的图片(分辨率更高)已经有了相当广泛的影响,现在宽带的接入使大图片的使用更具可行性。可以看到越来越多的网店使用大幅的、令人印象深刻的图片来吸引买家,为其创造一种身临其境的体验,如图4-15所示。

图4-15 大幅配图

4.3.2 面板风格

享誉国际的MP3播放器软件Winamp可以变换软件面板。制作这样的面板,需要设计师具有一定的图形软件制作技巧,如图4-16所示的网店页面就属于此类。

图4-16 面板风格页面

4.3.3 三维风格

页面上也有三维设计吗?当然有,而且还很多。浏览中经常遇到一些视觉效果非常好,却很难用平面软件制作而成的页面,这时就可以考虑借助三维软件。三维设计在网络上是无所不在的,如图4-17所示页面的颜色搭配、场景模型、视觉创意都非常好。

图4-17 三维风格

利用立体旋转的网店标志，可以做出具有时代感、数码感效果的Flash动画。虚拟现实、全景360°等某些特殊网络技术也依赖三维技术来实现。随着宽带网的发展与推广，将来会有更多选择三维模式的场景。

4.3.4 书报风格

如图4-18所示的网店可以找到杂志和报纸的影子。这样的设计排版非常有新意，网络上并不多见，突出了它的独创性和唯美的风格。

图4-18 一份网络报纸

还有一些页面设计，可以从字体排版中找到"图书和报纸页面"的感觉，它们的页面风格各异，但不难看。设计信息量大的页面时，可利用文字排版疏密程度充当辅助线，划分界限，配上有突破性、冲击力的插图，但不要使插图显得过于突兀。

第5章
大型购物网店页面设计分析

 本章指导

为什么有的网店在较短时间内销售量巨大？这些网店的页面设计是否有什么秘诀？难道他们真的有与众不同之处吗？通过分析这些热销商品的页面，我们发现这些页面无论采用何种设计方式，都处处彰显着店主的良苦用心。下面将通过一些范例分析来分享页面设计秘籍。

第5章 大型购物网店页面设计分析

5.1 人气商品页面分析

设计网店页面时应当站在顾客的立场上考虑问题，一切设计围绕着顾客展开，一切设计都是为了给顾客提供更大的便利。比如设计时要把顾客挑选的商品显示出来，注意商品图片与商品实物的差异性等。一句话，就是设计时要处处为顾客着想。

5.1.1 销售的不是商品，而是氛围

即使销售的商品不是高端商品，也应当在页面氛围的塑造上多花心思，尽可能地把商品本身的特点充分体现出来。设计时要充分展现商品的氛围，让顾客感受到舒适、温暖的气氛，这是设计的关键所在。要让顾客看到商品页面时就产生购买的欲望。

对于节假日而言，最重要的是要营造节日气氛，一定要让温馨的感觉直达消费者心里。网店整体设计时要突出节日氛围，网店的招牌、导航、促销区甚至商品描述模板都有必要加入节日元素。例如中国传统的礼花、鞭炮、灯笼等素材可以突出春节的氛围；月亮、月饼、玉兔等素材可以突出中秋节的氛围，如图5-1所示的页面设计突出了春节的气氛。

图5-1　页面设计突出春节的气氛

　　这个页面通过各种渠道让消费者了解到店铺正在促销，给整个网店营造一个火热的促销氛围。如果在促销区、左侧导航条加上"促销"字样，把具体的优惠措施也加上就最好不过了。对于旺铺而言，招牌、左侧导航、促销信息，在每个宝贝的页面都可以显示出来，要充分利用这些区域，营造一个良好的促销氛围，如图5-2所示。

　　主打促销商品的图片要加上节日元素。促销期间主推的几款商品不仅要在促销区呈现，商品图片的处理也需要下一点工夫。如果是主打春节促销的主题，可以加上灯笼、鞭炮等元素；如果是主打中秋促销主题，可以加上月饼、嫦娥、玉兔等素材，让消费者一目了然。

图5-2　带有促销字样的商品在列表中十分醒目

小提示　　平日的网店一般是不打折的，但是在节假日期间如果能巧妙地让利，就会吸引顾客。例如满199元减19元现金，满288元减28元现金等。在节假日里，利用"8"、"9"等有喜气的数字让利给消费者，虽然优惠的比例很小，但在我们中国人的传统里这些数字代表着福气和财气，所以一般情况下，消费者也会欣然接受。

5.1.2　详细展示商品

　　即使是同一件商品，随着颜色和尺寸的不同，带给人们的感觉也常会有很大差异。对于顾客想要了解的内容，不要一概而论，而是应认真、详细、如实地介绍给顾客。只有这样，顾客才会毫不犹豫地购买。如图5-3所示的商品展示中，使用了多幅图片详细地展示了商品的不同部位。

图5-3 使用多幅图片详细展示商品的不同部位

很多新手卖家都不注重细节图的拍摄，甚至在页面上就没有细节图，这样是很难让买家信任的。所以，为了店铺的生意，细节图的拍摄一定不能少。服装类商品需要拍摄的细节部分有吊牌、拉链、线缝、内标、LOGO、领口、袖口及衣边等，衣服的特别之处都要拍摄细节图，细节图越多，买家看得越清楚，当然对你的宝贝产生的好感及购买欲望也就越大。

5.1.3 注意比商品更吸引眼球的要素

在网店的主页或宣传页中，需要使用各种手段吸引顾客的视线。但是商品页面的设计应该换一种视角，因为如果在页面中添加眼花缭乱的效果，使用过重或过多的色彩，或者随意放置不相关的图，那么本应突出的商品就会被埋没。因此在设计时需要考虑是否一定要使用效果、色彩、图标等要素，如果需要，则要考虑应该加入多少。

如图5-4所示的网店页面的颜色使用了银灰色系，非常适合作为背景，使商品得到最充分的展示。字体也只使用黑体和宋体两种，没有花哨的字体，文字颜色也只有黑色和蓝色两种，这种设计不仅使页面显得整洁，就连商品也变得雅致起来。

图5-4 注意比商品更吸引眼球的要素

5.1.4 以买家的语气描述，从买家的视角设计

在确定了商品所针对的客户群后，就要迎合买家的眼光。在设计中要使用买家认同的语气、买家喜爱的颜色、买家崇拜的模特、买家追求的商品等，与买家的距离越近，就越能制作出成功的商品页面。

如图5-5所示的童装网店的页面，童装销售的主要目标人群是小孩的母亲，所以设计的重点在于先考虑母亲希望给孩子穿什么样的衣服，然后再确定设计理念。商家不仅要让商品被母亲所认可，还要为顾客创建一个共有的环境，在商品介绍的文字中使用儿童的语气。

5.2 热销商品页面设计理念

皇冠级卖家在网上交易中发挥着巨大的力量,从他们的商品主页中,可以找到许多持久运营的秘籍。下面将介绍热销商品的页面设计有哪些特点。

5.2.1 页面不是一味地加长,而是要生动有趣

与短页面相比,长页面虽然可以显示更多的商品,但是长页面容易使人感到厌倦,所以商品页面的设计必须使顾客在购物过程中保持新鲜感。从结构上要展示商品并搭配商品的各种照片,不断与顾客交流。应该使用顾客喜欢的语言展示顾客想看的图片,使顾客愉快地下拉滚动条。

图5-5 童装网店的页面

如图5-6所示的页面中页面虽然比较长,包括了上百张商品图片,但是顾客在浏览页面的过程中却没有感到一点厌倦。生动的照片、亲切的文字、自由的版式设计,营造出轻松愉快的氛围。

图5-6 页面生动有趣

5.2.2 自然引导顾客购买搭配商品

大家都会有这样的购物经历：购买了一件商品，还需要找到和这件商品搭配的附属商品，比如买了相机还想配一个镜头，买件衣服还想买条搭配的裤子。然后逐个搜索，既浪费时间，还不能省钱。现在，购买搭配套餐组合商品，能帮助买家一次性解决问题，省事、省时、省钱。

搭配套餐就是卖家把几个相关的商品搭配组合成套餐，例如护肤品组合、服装搭配组

第5章 大型购物网店页面设计分析

合、数码套餐等。买家购物时可以灵活选取套餐中的任意几个商品购买，套餐的总价低于原商品一口价的总和。

页面中应该陈列商家销售的其他商品，使顾客在该页面停留更长的时间。即使顾客对当前所浏览的商品不满意，在看到同一商家销售的其他商品后，也许就会产生购买的欲望。另外，即使已经决定购买现在所浏览的商品，在浏览其他搭配商品的同时，也会产生再购买一两种商品的想法，如图5-7所示的页面虽然是在销售一种商品，但是陈列了相关的其他商品。

图5-7 搭配其他商品

5.2.3 通过图片就可以了解商品实际大小

在淘宝网上我们经常看到很多服装类卖家用真人模特进行拍摄，这种拍摄的方式能够更好地展示商品的线条和样式，甚至是商品的质感，还能通过图片让顾客了解到商品的实际尺寸大小。挑选模特的时候要注意尽量选择适合衣服气质的模特，不能随便找来一个人穿上所有上架的宝贝，那样难免会影响部分服装的呈现效果。

在表现商品尺寸时，虽然标明准确的数值很重要，但最好同时展示更为直观的商品照片。所以在服装网店页面中，在标明模特身材与商品尺寸的同时，也要展示模特穿上商品后的照片，如图5-8所示的是商品搭配模特，买家可以由此了解商品的实际尺寸。

图5-8　商品搭配模特

5.2.4 商品信息介绍准确详细

在网上做买卖，最重要的是如何把自己的商品信息准确地传递给买家。图片传递给买家的只是商品的形状和颜色的信息，对于性能、材料、产地、售后服务等，必须通过文字方面的描述来说明。

在网上购物，影响买家是否购买的一个重要因素就是商品描述，很多卖家也会在商品描述上花费大量的心思，可是有些卖家

第 5 章 大型购物网店页面设计分析   71

经过一段时间就会发现，虽然花费了大量的时间在这上面，但是效果并不好，用户的转化率还是不高，原因在什么地方呢？主要还是商品描述信息不详细，如图5-9所示的页面中有详细的商品介绍信息。

图5-9　页面中有详细的商品介绍信息

在填写商品描述信息时注意如下几个方面。

- 首先要向供货商索要详细的商品信息。商品图片不能反映的信息包括材料、产地、售后服务、生产厂家、商品的性能等。对于相对于同类产品有优势和特色的信息一定要详细地描述出来，这本身也是产品的卖点。

- 商品描述一定要精美，能够全面概括商品的内容、相关属性，最好能够介绍一些使用方法和注意事项，更加贴心地为买家考虑。
- 为了直观性，商品描述应该使用文字+图像+表格三种形式结合，这样买家看起来会更加直观，增加购买的可能性。
- 参考同行网店。可以去皇冠店转一转，看看他们的商品描述是怎么写的。特别要重视同行中做得好的网店。
- 在商品描述中也可以添加相关推荐商品，如本店热销商品、特价商品等，让买家更多地接触店铺的商品，增加商品的宣传力度。
- 在商品描述中注意服务意识和规避纠纷，一些买家平时都很关心的问题、有关商品问题的介绍和解释等都要有。

5.2.5 分享购买者的经验

淘宝网会员在使用支付宝服务成功完成每一笔交易后，双方均有权对对方交易的情况做一个评价，这个评价亦称为信用评价。良好的信用评价和口碑，是成交与否的重要因素之一。已经购买了商品的顾客的评论，可能对正在犹豫是否购买商品的顾客起到决定性作用。因为商家提供的商品信息宣传性太强，而顾客留下的评论比较真实，如图5-10所示的页面中添加了以往的客户评价图片，在增强顾客对商品的信任方面，没有任何信息比得上买家使用后的评论语言。

图5-10 客户评价图片

5.2.6 展示相关证书或证明

如果是功能性商品，需要展示能够证明自己技术实力的资料。提供能够证明不是虚假广告的文件，或者如实展示人们所关心的商品制作过程，都是提高可信度的方法。如果电视、报纸等新闻媒体曾有所报道，那么收集这些资料展示给顾客也是一种很好的方法，如图5-11所示的页面中展示了商品的相关证书和证明资料。

图5-11 页面中展示了商品的相关证书和证明资料

5.2.7 文字注意可读性

　　文字虽用于传达信息，但同时也可以用作设计要素，与图片同时使用的文字既能吸引顾客的注意，同时也会使页面显得更加生动亲切。文字的根本用途是传达信息，若要准确快捷地传达信息，就需要很强的可读性。提高文字可读性的方法很简单，字号越大则越醒目。标题或重要文字需要使用大字号，使其醒目。文字颜色要使用醒目的颜色，以提高可读性。如果内容较多，则需要留出足够的空白用于分段，如图5-12所示的页面中使用了文字图片，提高了可读性。

图5-12　页面中使用了文字图片提高了可读性

第6章
页面色彩搭配基础知识

 本章指导

　　页面中的色彩是浏览者对网店最直观的了解，也是网店统一风格设计的主要组成部分。一个网店设计成功与否，在很大程度上取决于页面色彩的运用和搭配，页面色彩处理得好，可以锦上添花，达到事半功倍的效果。色彩是树立网店形象的关键之一，因此，在设计页面时，必须要高度重视页面色彩的搭配。

6.1 色彩的原理

自然界中有许多种色彩,如香蕉是黄色的,橘子是橙色的……我们日常看见的太阳光,实际由红、绿、蓝三种波长的光组成,物体经光源照射,吸收和反射不同波长的红、绿、蓝光,经由人的眼睛,传到大脑形成了我们看到的各种颜色。也就是说,物体的颜色就是它们反射的光的颜色。红、绿、蓝三种波长的光是自然界中所有颜色的基础,光谱中的所有颜色都是由这三种光的不同强度构成。

把红、绿、蓝三种色重叠,就产生了混合色:青、洋红、黄(如图6-1所示)。

图6-1 红、绿、蓝重叠产生混合色

6.2 色彩的分类

我们生活在五彩缤纷的世界里,天空、草地、海洋都有它们各自的色彩。你、我、他也有自己的色彩,代表个人特色的衣着、家装、装饰物的色彩,可以充分反映人的性格、爱好、品位。色彩一般分为无彩色和有彩色两大类。

6.2.1 无彩色

无彩色是黑色、白色及二者按不同比例混合所得到的深浅各异的灰色系列。在光的色谱上见不到这三种色,不包括在可见光谱中,所以称为无彩色,如图6-2所示。

图6-2 无彩色

黑色是最基本和最简单的搭配，白字黑底或者黑字白底都非常清晰简明，如图6-3所示页面采用黑底白字搭配。

图6-3 黑色页面

灰色是中性色，可以和任何色彩搭配，也可以帮助两种对立的色彩实现和谐过渡，如图6-4所示。

78 淘宝网店页面设计、布局、配色、装修一本通（第3版）

图6-4 灰色页面

6.2.2 有彩色

有彩色是指可见光谱中的红、橙、黄、绿、青、蓝、紫7种基本色及其混合色,即视觉能够感受到的某种单色光特征。我们所看到的就是有彩色系列,这些色彩往往给人以相对的、易变的、抽象的心理感受。有彩色是由光的波长和振幅决定的,波长决定色相,振幅决定色调,如图6-5所示。

有彩色包括6种标准色:红、橙、黄、绿、蓝、紫,如图6-6所示,这6种色中又细分为三原色和二次色。

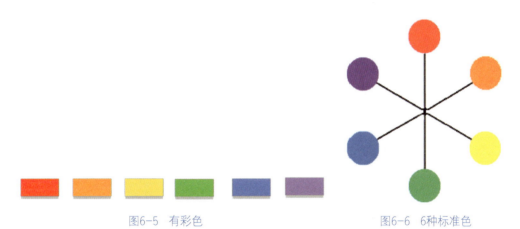

图6-5 有彩色　　　　　　　图6-6 6种标准色

三原色:红、黄、蓝,如图6-7所示。
二次色:橙、紫、绿,处在三原色之间,形成另一个等边三角形,如图6-8所示。

图6-7 三原色　　　　　　　图6-8 二次色

通过对比可以发现,上述6色的排列中,原色总是间隔着一个二次色,因此只需记住标准色就可以区分原色和二次色。

如图6-9所示有彩色的页面，红色的色彩组合能够营造出热烈、喜庆的气氛。

图6-9　有彩色页面

6.3　色彩的三要素

明度、色相、纯度是色彩最基本的三要素，也是人正常视觉感知色彩的三个重要因素。

6.3.1 明度

明度表示色彩的明暗程度。色彩的明度包括无彩色的明度和有彩色的明度。在无彩色中,白色明度最高,黑色明度最低,白色和黑色之间是一个从亮到暗的灰色系列;在有彩色中,任何一种纯度色都有自己的明度特征,如黄色明度最高,紫色明度最低。

明度越低,颜色越暗;明度越大,色彩越亮。如一些女装、儿童用品网店,用的是一些鲜亮的颜色,让人感觉绚丽多姿,生机勃勃,如图6-10所示为色彩的明度变化。

明度高是指色彩较明亮,而明度低就是指色彩较灰暗。没有明度关系的色彩,就会显得苍白无力,只有加入明暗的变化,才能展现出色彩的视觉冲击力和丰富的层次感,如图6-11所示的页面采用了同一色彩的明暗变化。

图6-10 色彩的明度变化

图6-11 同一色彩的明暗变化

6.3.2 色相

　　色相是指色彩的名称，是不同波长的光给人的不同的色彩感受，红、橙、黄、绿、蓝、紫等都各自代表一类具体的色相，它们之间的差别属于色相差别。色相是色彩最基本的特征，是一种色彩区别于另一种色彩最主要的因素。最初的基本色相为：红、橙、黄、绿、蓝、紫。在各色中间加上中间色，其头尾色相，按光谱顺序为：红、橙红、黄橙、黄、黄绿、绿、绿蓝、蓝绿、蓝、蓝紫、紫、红紫——十二基本色相。如图6-12所示为十二基本色相。

　　如以绿色为主的色相，可能有粉绿、草绿、中绿等色相的变化，它们虽然是在绿色色相中调入了白与灰，在明度与纯度上产生了微弱的差异，但仍保持绿色色相的基本特征，如图6-13所示的页面使用了绿色色相的不同差异。

图6-12　十二基本色相

图6-13　绿色色相的不同差异

6.3.3 纯度

纯度表示色彩的鲜浊或纯净程度,纯度是表明一种颜色中是否含有白或黑的成分。假如某色不含有白或黑的成分,便是纯色,其纯度最高;如果含有白或黑的成分越多,其纯度亦会逐渐下降,如图6-14所示。

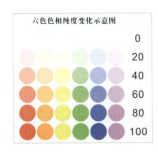 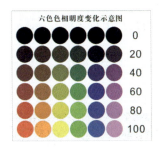

图6-14　色彩的纯度变化

不同的色相不但明度不等,纯度也不相等。同一色相,即使纯度发生了细微的变化,也会立即带来色彩性格的变化。有了纯度的变化,才使世界上有如此丰富的色彩,如图6-15所示纯度高的画面非常鲜活明快,如图6-16所示较低的纯度则显得灰暗朦胧。

图6-15　纯度高的页面

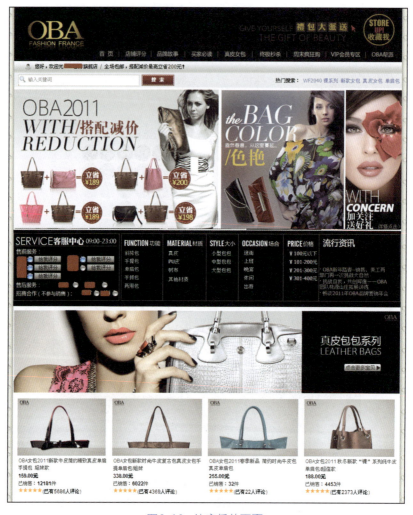

图6-16 纯度低的页面

6.4 色彩对比

在一定条件下,不同色彩之间的对比会产生不同的效果。在不同的环境下,多色彩给人一种印象,单一色彩给人另一种印象。

各种纯色的对比会产生鲜明的色彩效果，很容易给人带来视觉与心理上的满足。红、黄、蓝三种颜色是最极端的色彩，它们之间的对比，哪一种颜色都无法影响到对方。色彩对比范畴不局限于红、黄、蓝三种颜色，而是指各种色彩界面构成中的面积、形状、位置以及色相、明度、纯度之间的差别，使页面色彩配合增添了许多变化，页面更加丰富多彩。

6.4.1 明度对比

每一种颜色都有自己的明度特征，因明度之间的差别形成的对比即为明度对比，如图6-17所示。明度对比在视觉上对色彩层次和空间关系影响较大。如柠檬黄明度高，蓝紫色的明度低，橙色和绿色属中明度，红色与蓝色属中低明度。

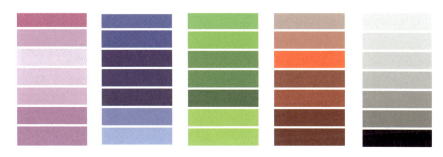

图6-17　色彩的明度对比

明度对比较强时光感强，页面的清晰程度高、锐利，不容易出现误差，如图6-18所示是明度对比强的页面。明度对比弱时，页面则显得柔和静寂、柔软含混、单薄、形象不易看清，效果不好。

对色彩应用来说，明度对比的正确与否，是决定配色的光感、明快感、清晰感，以及心理作用的关键。历来的色彩搭配都重视黑、白、灰的训练。因此在配色中，既要重视无彩色的明度对比研究，更要重视有彩色之间的明度对比研究，注意检查色彩的明度对比及其效果。

6.4.2 色相对比

色相对比是指因色相之间的差别形成的对比。当主色相确定后，必须考虑其他色彩与主色相是什么关系，要表现什么内容及效果等，这样才能增强其表现力。在度量色相差时，不能只依靠测光器和可见光谱，而应借助色相环（简称色环），如图6-19所示的色环。色相对比的强弱，取决于色相在色环上的距离。

图6-18　明度对比强的页面

1. 原色对比

原色对比是指红、黄、蓝三原色之间的对比。红、黄、蓝三原色是色环上最极端的三种颜色，表现了最强烈的色相气质，它们之间的对比属于最强烈的色相对比，令人感受到一种极强烈的色彩冲突，如图6-20所示为红、黄、蓝三原色之间的对比。

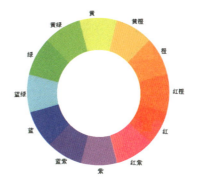

图6-19 色环

图6-20 原色对比页面

2. 补色对比

在色环中色相距离为180°的对比为补色对比，即位于色环直径两端的颜色为补色。一对补色在一起，可以使对方的色彩更加鲜明，如图6-21所示的橙色与蓝色、红色与绿色等。

图6-21 互补色

如图6-22所示页面大部分是由冷色系的绿色组成的大背景,纯度较低,页面顶部主要是大红色组成的图片,形成补色对比效果,使红色更为凸显。补色对比的对立性促使对立双方的色相更加鲜明。

图6-22 红色、绿色补色对比

3. 间色对比

间色又叫"二次色",它是由三原色调配出来的颜色,如红色与黄色调配出橙色,黄色与蓝色调配出绿色,红色与蓝色调配出紫色。在调配时,由于原色在分量多少上有所不同,所以能产生丰富的间色变化,色相对比略显柔和,如图6-23所示。

在页面色彩搭配中运用间色对比的很多,如图6-24所示的绿色与橙色,这样的对比都是活泼鲜明具有天然美的配色。间色是由三原色中的两原色调配而成的,因此对视觉刺激的强度相对三原色来说缓和不少,属于较易搭配之色,但仍有很强的视觉冲击力,容易营造出轻松、明快、愉悦的气氛。

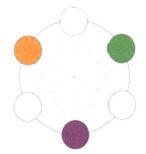

图6-23 间色对比

图6-24 间色对比页面

4. 邻近色对比

在色环上色相距离在15°以上、60°以内的对比，称为邻近色对比。虽然它们在色相上有很大差别，但在视觉上却比较接近，属于较弱的色相对比，如图6-25所示都是邻近色。

邻近色对比最大的特征是其明显的统一协调性，在统一中不失对比的变化，如图6-26所示。

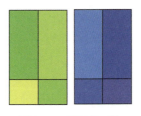

图6-25 邻近色对比

图6-26 邻近色对比页面

6.4.3 纯度对比

纯度对比是指较鲜艳的颜色与含有各种比例的黑、白、灰的色彩对比，即模糊的浊色对比，如图6-27所示鲜艳的绿色与含灰色的绿色对比，就能比较出它们在鲜浊上的差异。

色彩纯度可大致分为高纯度、中纯度、低纯度三种。未经调和过的原色纯度是最高的，而间色多属中纯度色彩，复色其本身纯度偏低属低纯度色彩。

纯度对比可以体现在同一色相不同纯度的对比中，也可体现在不同的色相对比中。例如，红色与绿色相比，红色的鲜艳度更高；黄色与黄绿色相比，黄色的鲜艳度更高。如图6-28所示的页面就采用了红色与绿色对比，以及绿色不同纯度的对比。

图6-27　色彩的纯度对比

图6-28　纯度对比

6.4.4 色彩的面积对比

色彩的面积对比是指页面中各种色彩在面积上多与少、大与小的差别，影响到页面主次关系。

在同一视觉范围内，色彩面积的不同，会产生不同的对比效果，如图6-29所示在页面中使用了大面积的浅色调，通过加入适当面积的红色起到了协调和平衡视觉的作用，主体物的图片有醒目作用，而小面积的红色背景文字又能突出于视觉中心点。

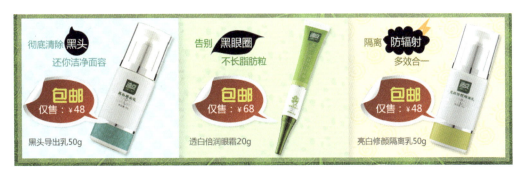

图6-29　色彩的面积对比页面

当两种颜色以相等的面积比例出现时,这两种颜色就会产生强烈的冲突,色彩对比自然强烈。

如果将比例变换为3:1,一种颜色被削弱,整体的色彩对比就减弱了。当一种颜色在整个页面中占据主要位置时,则另一种颜色只能成为陪衬,这时,色彩对比效果最弱。

同一种色彩,面积越大,明度、纯度越强;面积越小,明度、纯度越低。面积大的时候,亮的色显得更轻,暗的色显得更重。

根据设计主题的需要,在页面上以某一色为主色,其他的颜色为次色,可以使页面的主次关系更突出,在统一的同时又富有变化。

6.4.5 色彩的冷暖对比

因冷热差别而形成的色彩对比称为冷暖对比。冷暖本来是人体皮肤对外界温度高低的触觉。冷色与暖色是依据人的心理错觉对色彩进行的物理性分类,是人对颜色的物质性印象,大致由冷、暖两个色系产生。红色光、橙色光、黄色光本身具有暖和感,照射任何物体时都会产生暖和感。相反,紫色光、蓝色光、绿色光带给人寒冷的感觉,如图6-30所示斜线左下方的是冷色系,斜线右上方的是暖色系,如图6-31所示的蓝色和黄色搭配就是典型的冷色和暖色对比。

图6-30 冷色和暖色

图6-31 冷色和暖色对比

冷色系的亮度越高,其特性越明显。单纯冷色系搭配的视觉感比暖色系舒适,不易造成视觉疲劳。蓝色、绿色是冷色系的主要颜色,是设计中较常用的颜色,也是大自然之色,带来一股清新、祥和安宁的空气,如图6-32所示冷色系绿色为主的页面。

第6章 页面色彩搭配基础知识　93

图6-32　冷色系绿色为主的页面

由于冷暖色系本身的对立性区分很明显，因此在使用冷暖色对比时，最好使一方为主色，另一方为辅色，互相陪衬，从而达到色彩协调的效果。

6.5 网店页面色彩搭配方法

在页面设计中，色彩搭配是树立网店形象的关键，色彩处理得好可以使页面锦上添花，达到事半功倍的效果。色彩搭配一定要合理，给人一种和谐、愉快的感觉，避免采用容易造成视觉疲劳的纯度很高的单一色彩。在设计页面色彩时应该了解一些搭配技巧，以便更好地使用色彩。

1．色彩的鲜明性

一个网店的色彩要鲜明，才容易引人注目，给浏览者耳目一新的感觉，如图6-33所示是色彩鲜明的页面。

图6-33 色彩鲜明的页面

2．色彩的独特性

要有与众不同的色彩，页面的用色必须要有自己独特的风格，这样才能给浏览者留下深刻的印象，如图6-34所示页面采用独特的色彩。

图6-34 页面采用独特的色彩

3. 同种色彩搭配

同种色彩搭配是指首先选定一种色彩，然后调整透明度或饱和度，将色彩变淡或加深，产生新的色彩。这样的页面看起来色彩统一，有层次感，如图6-35所示。

图6-35 同种色彩搭配

4. 邻近色彩搭配

邻近色是在色环上相邻的颜色。如绿色和蓝色、红色和黄色就互为邻近色。采用邻近色可以使页面避免色彩杂乱，易于达到页面的和谐统一，如图6-36所示红色和黄色作为邻近色彩进行搭配。

图6-36 邻近色彩搭配

5．对比色彩搭配

图6-37 对比色彩搭配

一般来说色彩的三原色（红、黄、蓝）最能体现色彩间的差异。色彩的对比强，看起来就有诱惑力，能够起到集中视线的作用，对比色可以突出重点，产生强烈的视觉效果。通过合理使用对比色，能够使网店特色鲜明、重点突出，如图6-37所示。

6．有主色的混合色彩搭配

图6-38 有主色的混合色彩搭配

有主色的混合色彩搭配是指以一种颜色作为主要颜色，即作为主色，同时辅以其他色彩混合搭配，形成缤纷而不杂乱的搭配效果，如图6-38所示。

6.6 主色、辅助色、点缀色

就像小说和电影中有主角和配角一样，在色彩设计中也有职责区分。在色彩设计中，有主色、辅助色和点缀色三种不同功能的色彩。

色彩的地位是按其所占据面积的大小来决定的。色彩占据的面积越大，在配色中的地

第6章 页面色彩搭配基础知识 97

位越重要,起主导作用;占据的面积越小,在配色中的地位越次要,起到陪衬、点缀的作用。在配色过程中,无论用几种颜色来组合,首先要考虑用什么颜色作为主色调。如果各种颜色面积平均分配,色彩之间互相排斥,就会显得凌乱。

6.6.1 主色可以决定整个店铺风格

在舞台上,主角站在聚光灯下,配角退后一步来衬托他。配色上的主色也是一样,其配色要比辅助色更清楚、更强烈。在一个页面中,占用面积大、受瞩目的色彩一般就是主色。如图6-39所示的店铺页面,可以看到整个页面是大面积的红色,以黄色线条和黄色文字为配色,起到衬托主色的作用。

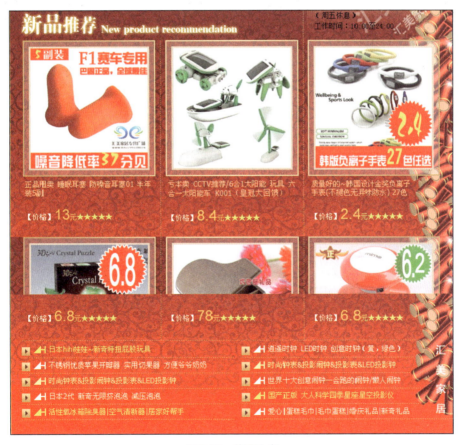

图6-39 使用主色

6.6.2 辅助色对页面有决定性效果

辅助色使页面丰富多彩，使主色更漂亮，辅助色可以是一种颜色，也可以是几种颜色。辅助色的功能在于帮助主色建立完整的形象，判断辅助色用得好不好的标准是：去掉它，页面不完整；有了它，主色更显优势。

如图6-40所示的店铺页面以红色为主色，黑色为辅助色，虽然作为辅色的黑色面积比较小，但是与红色对比强烈，能起到强调导航栏目的作用。

图6-40 辅助色

选择辅助色的诀窍

为图像选择合适的辅助色，有两个非常不同的方法，但都很有效。
- 选择同类色，达成页面统一和谐。
- 选择对比色，使页面刺激、活泼，也同样很稳定。

6.6.3 点缀色可营造独特的页面风格

点缀色是指在色彩组合中占据面积较小，视觉效果比较醒目的颜色。主色调和点缀色形成对比，主次分明，富有变化，产生一种韵律美。

点缀色不仅可以是一种颜色，也可以是多种颜色。尽管点缀色所占区域通常面积比较小，当小区域越来越多时，也具有影响整个页面的能力，这就好像你穿了一个黑色的连衣裙，而眼镜、包、鞋子是黄色的，这个黄色是点缀，多了以后就形成了风格。

点缀色是相对主体色而言的，一般情况下，它比较鲜艳饱和，有画龙点睛的效果，如图6-41所示的页面中使用了黄色的按钮作为点缀色起到修饰的作用。

图6-41　点缀色

第7章
网店色调与配色

 本章指导

色彩与人的心里感觉和情绪有一定的关系,利用这一点可以在设计页面时形成自己独特的色彩效果,给浏览者留下深刻印象。不同的颜色会给我们不同的心理感受。本章介绍各种不同色调的配色方案。

7.1 红色系的配色

红色的色感温暖,性格刚烈而外向,是一种对人刺激性很强的颜色。红色容易引人注意,也容易使人兴奋、激动、紧张、冲动。

红色在各种媒体中都有广泛的应用,除了具有较佳的视觉效果外,更被用来传达有活力、积极、热诚、温暖、前进等企业形象与精神,另外红色也常被用做警告、危险、禁止、防火等标识色,如图7-1所示是红色的色阶。

图7-1 红色色阶

7.1.1 红色适合的配色方案

红色是强有力的色彩,是热烈、冲动的色彩,常见的红色配色方案如图7-2所示。

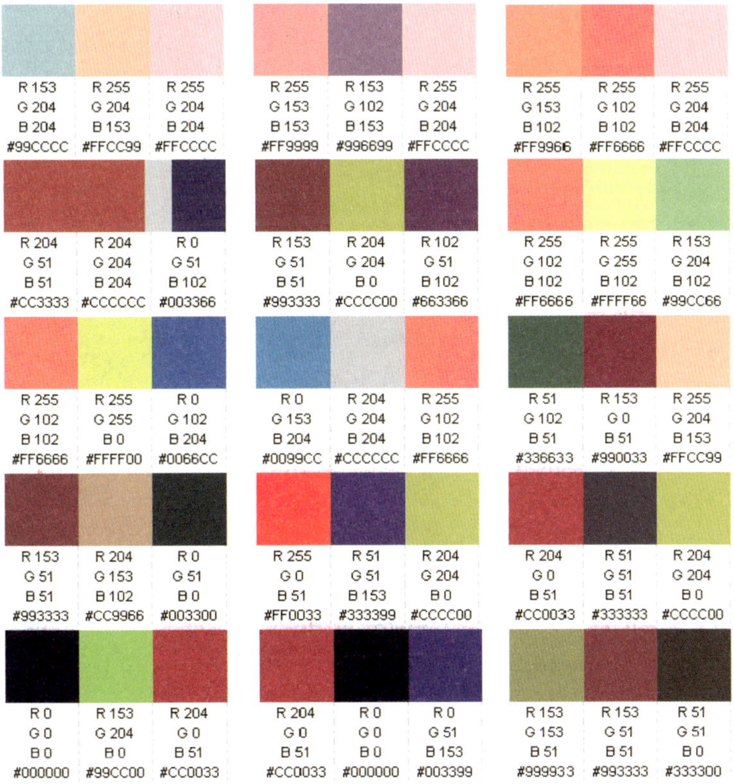

图7-2 常见的红色搭配

红色系的配色方案

- 在红色中加入少量的黄色，会使其热力强盛，极富动感和喜悦气氛。
- 红色与黑色的搭配在商业设计中，被誉为商业成功色，在页面设计中也比较常见。红黑搭配色，常用于较前卫时尚等要求个性的页面中。
- 在红色中加入少量的蓝色，会使其热性减弱，趋于文雅、柔和。
- 在红色中加入少量的白色，会使其性格变得温柔，趋于含蓄、羞涩、娇嫩。

7.1.2 适用红色系的网店

在网店页面颜色应用中，使用红色为主色调的网店比较多。红色的娇艳很容易让人联想到女人，美容化妆品、女装、婚庆等网店很适合用红色系搭配，容易营造出娇媚、诱惑、艳丽、热烈等气氛。

红色与橙色、黄色搭配，适合食品、饮料类网店，因为这几个色系和我们日常生活中常见食品的颜色很接近。

如图7-3所示的化妆品网店页面，以红色为主色调，红色通过与黄色搭配使用，可以得到喜庆、动感的感觉。

图7-3 红色系网店

第7章 网店色调与配色   103

7.2 橙色系的配色

橙色的波长居于红色和黄色之间，橙色是十分活泼的光辉色彩，是最暖的色彩。给人以华贵而温暖，兴奋而热烈的感觉，也是令人振奋的颜色，具有健康、富有活力、勇敢自由等象征意义，能给人带来庄严、尊贵、神秘等感觉，如图7-4所示是橙色的色阶。

图7-4 橙色色阶

7.2.1 橙色适合的配色方案

橙色能够用来强化视觉，橙色是可以通过变换色调营造出不同氛围的典型颜色，它既能表现出青春的活力也能够实现稳重的效果，所以橙色在页面中的使用范围是非常广泛的，如图7-5所示为常见的橙色配色方案。

图7-5 橙色配色方案

橙色系的配色方案

- 在橙色中混入大量的白色，有一种干燥的气氛。
- 在橙色中混入少量的蓝色，能够形成强烈的对比，有一种紧张的气氛。
- 使用了高亮度橙色的页面通常都会给人一种晴朗新鲜的感觉。
- 在橙色中混入少量的红，给人以明亮、温暖的感受。
- 通过将浅黄色、黄色、黄绿色等邻近色与橙色搭配使用，通过不同明度和纯度的变化得到更为丰富的色阶，通常都能得到非常好的效果。

7.2.2 适用橙色系的网店

橙色和很多食物的颜色类似,例如橙子、面包、油炸类食品,是很容易引起食欲的色彩,如果是以这类食物为主的店铺,橙色是最适合的色彩了。

橙色是积极活跃的色彩,橙色的主色调适用范围较为广泛,除了食品外,家居用品、时尚品牌、运动、儿童玩具类的网店都很适合橙色系。

如图7-6所示是橙色与黄色等邻近色搭配的玩具网店,视觉上处理得井然有序,整个页面看起来新鲜、充满活力。

图7-6 橙色系网店

7.3 黄色系的配色

黄色是各种色彩中最为娇气的一种颜色，也是有彩色中最明亮的颜色，因此给人留下明亮、辉煌、灿烂、愉快、高贵、柔和的印象，同时又容易引起味觉的条件反射，给人以甜美、香酥感，如图7-7所示是黄色的色阶。

7.3.1 黄色适合的配色方案

黄色是在页面配色中使用最为广泛的颜色之一，黄色和其他颜色配合很活泼，有温暖感，具有快乐、希望、智慧和轻快的个性。黄色有着金色的光芒，有希望与功名等象征意义，黄色也代表着土地、权力，并且还具有神秘的宗教色彩，如图7-8所示是常见的黄色配色方案。

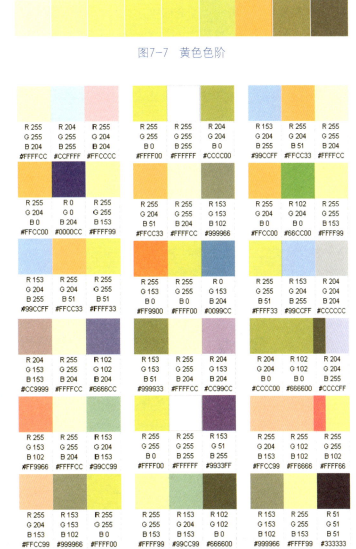

图7-7 黄色色阶

图7-8 黄色配色方案

黄色系的配色方案

- 在黄色中加入少量的蓝色，会使其转化为一种鲜嫩的绿色。其高傲的性格也随之消失，趋于一种平和、潮润的感觉。
- 在黄色中加入少量的红色，则具有明显的橙色感觉，其性格也会从冷漠、高傲转化为一种有分寸感的热情、温暖。
- 在黄色中加入少量的黑色，其色感和色性变化最大，成为一种具有明显橄榄绿的复色印象。其色性也变得成熟、随和。
- 在黄色中加入少量的白色，其色感变得柔和，其性格中的冷漠、高傲被淡化，趋于含蓄，易于接近。

7.3.2 适用黄色系的网店

黄色与某些食物的色彩相似，可以用于食品类店铺。另外黄色的明度很高，是活泼欢快的色彩，有智慧、快乐的个性，可以给人甜蜜幸福的感觉。在很多网店设计中，黄色都用来表现喜庆的气氛和富饶的商品，很多高档物品的店铺也适合黄色系，给人一种华贵的感觉。如图7-9所示是黄色系的网店页面效果。

图7-9 黄色系网店

7.4 紫色系的配色

紫色的色彩心理具有创造、忠诚、神秘、稀有等内涵。象征着女性化，代表着高贵和奢华、优雅与魅力，也象征着神秘与庄重、神圣和浪漫，如图7-10所示是紫色的色阶。

图7-10 紫色色阶

7.4.1 紫色适合的配色方案

紫色与紫红色都是非常女性化的颜色，它给人的感觉通常都是浪漫、柔和、华丽、高贵优雅，特别是粉红色更是女性化的代表颜色。不同色调的紫色可以营造非常浓郁的女性化气息，而且在灰色的衬托下，紫色可以显示出更大的魅力。高彩度的紫红色可以表现出超凡的华丽，而低彩度的粉红色可以表现出高雅的气质，如图7-11所示是常见的紫色配色方案。

图7-11 紫色配色方案

 紫色系的配色方案

- 在紫色中红的成分较多时，其知觉具有压抑感、威胁感。
- 在紫色中加入少量的黑色，其感觉就趋于沉闷、伤感、恐怖。
- 在紫色中加入白色，可使紫色沉闷的性格消失，变得优雅、娇气，并充满女性的魅力。

7.4.2 适用紫色系的网店

紫色通常用于以女性为对象或以艺术品为主的网店。另外紫色是高贵华丽的色彩，很适合表现珍贵、奢华的商品。如图7-12所示的网店页面，低纯度的暗紫色能很好地表达优雅、自重、高品位的感受，紫色的色彩配合时尚的产品，符合该页面主题所要表达的环境，让人容易记住它。

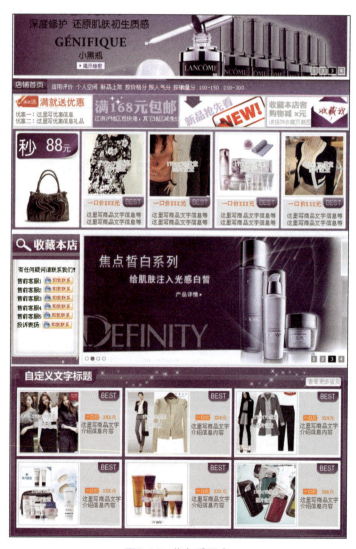

图7-12 紫色系网店

7.5 绿色系的配色

在商业设计中，绿色所传达的是清爽、理想、希望、生长的意象，符合服务业、卫生保健业、教育行业、农业的要求，如图7-13所示是绿色的色阶。

图7-13 绿色色阶

7.5.1 绿色适合的配色方案

绿色是一种让人感到舒适并且亲和力很强的色彩，绿色在黄色和蓝色之间，偏向自然美、宁静、生机勃勃、宽容，可与多种颜色搭配而达到和谐，也是页面中使用最为广泛的颜色之一，如图7-14所示是常见的绿色配色方案。

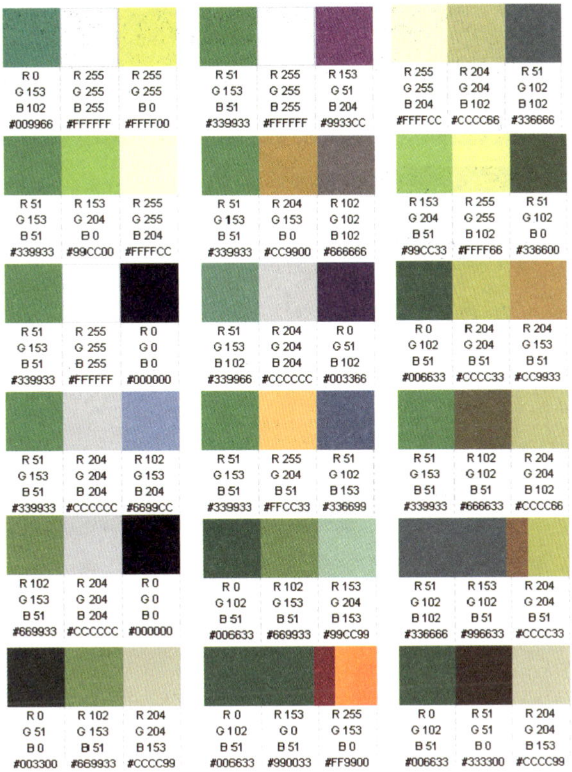

图7-14 常见的绿色配色方案

 绿色系的配色方案

- 在绿色中黄的成分较多时，其性格就趋于活泼、友善，具有幼稚性。
- 在绿色中加入少量的黑色，其性格就趋于庄重、老练、成熟。
- 在绿色中加入少量的白色，其性格就趋于洁净、清爽、鲜嫩。

7.5.2 适用绿色系的网店

绿色通常与环保意识有关，也经常被联想到有关健康方面的事物，它本身具有一定的与自然、健康相关的感觉，所以经常用于与自然、健康相关的网店，绿色还经常用于一些生态特产、护肤品、儿童商品或旅游网店，如图7-15所示是健康产品网店。

图7-15 绿色系网店

7.6 蓝色系的配色

蓝色给人以沉稳的感觉，且具有深远、永恒、沉静、博大、理智、诚实、寒冷的意象，同时蓝色还能够表现出和平、淡雅、洁净、可靠等。在商业设计中强调科技、商务的形象，大多选用蓝色当标准色，如图7-16所示是蓝色的色阶。

图7-16 蓝色色阶

7.6.1 蓝色适合的配色方案

蓝色朴实、不张扬，可以衬托那些活跃、具有较强扩张力的色彩，为它们提供一个深远、广博、平静的空间。蓝色还是一种在淡化后仍然能保持较强个性的颜色。

蓝色是冷色系的典型代表，而黄色、红色是暖色系里最典型的代表，冷暖色系对比度大，较为明快，很容易感染带动浏览者的情绪，有很强的视觉冲击力。

蓝色是容易获得信任的色彩，蓝色调的网页在互联网上十分常见，如图7-17所示是常见的蓝色配色方案。

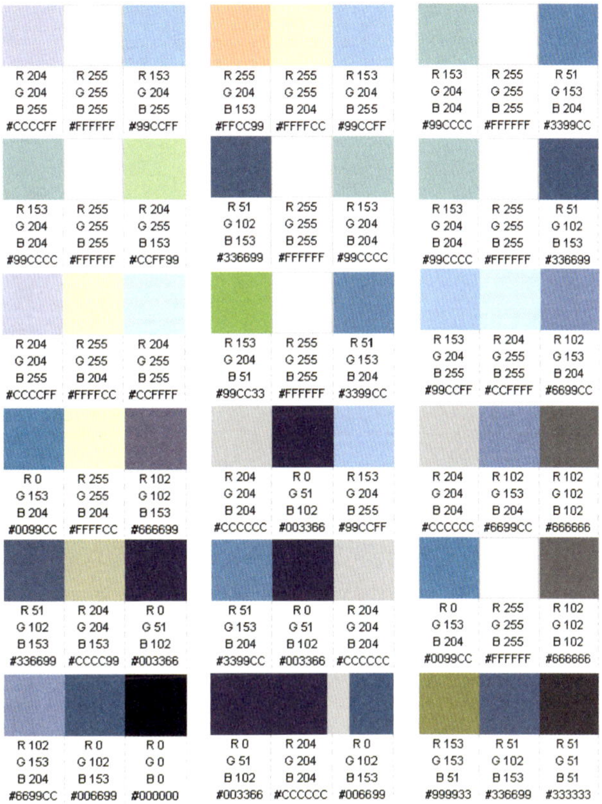

图7-17 常见的蓝色配色方案

蓝色系的配色方案

- 如果在蓝色中分别加入少量的红、黄、黑、橙、白等色，均不会对蓝色的性格产生较明显的影响。
- 如果在蓝色中黄色的成分较多，其性格趋于甜美、亮丽、芳香。
- 在蓝色中混入适量的白色，可使蓝色的知觉趋于焦躁、无力。

7.6.2 适用蓝色系的网店

深蓝色是沉稳的且较常用的色调，能给人稳重、冷静、严谨、成熟的心理感受。它主要用于营造安稳、可靠、略带有神秘色彩的氛围。蓝色具有智慧、科技的含义，因此数码产品、科技类产品、家电类网店很适合蓝色系。

蓝色很容易使人想起水、海洋、天空等自然界中的事物，因此也常用在旅游类的页面中，如图7-18所示的页面。

7.7 无彩色的配色

无彩色配色法是指以黑色、白色、灰色这样的无彩色进行搭配。无彩色为素色，没有彩度，但是若将这些素色进行不同的组合搭配，可以产生韵味不同的、风格各异的效果。无彩色在颜色搭配上比较自由随便，难度不大，总能给人以自然、统一、和谐的感受。

7.7.1 白色系网店

白色的物理亮度最高，但是给人的感觉却偏冷。作为生活中纸和墙的色彩，白色是最常用的页面

图7-18 蓝色系网店页面

背景色，在白色的衬托下，大多数色彩都能取得良好的表现效果。白色给人的感觉是：洁白、明快、纯粹、客观、真理、纯朴、神圣、正义、光明等，如图7-19所示的整个页面以白色为主色调，给人以干净、清爽的感受。

图7-19　白色系网店

7.7.2 灰色系网店

灰色居于黑与白之间，属于中等明度，灰色是色彩中最被动的色彩，受有彩色影响极大，靠邻近的色彩获得生命，灰色靠近鲜艳的暖色，就会显出冷静的品格；若靠近冷色，则变为温和的暖灰色。

灰色在商业设计中，具有柔和、高雅的意象，属中性色彩，男女皆能接受，所以灰色也是永远流行的主要颜色之一。在许多高科技产品中，尤其是和金属材料有关的，几乎都采用灰色来传达高级、科技的形象。使用灰色时，大多利用不同的层次变化组合或搭配其他色彩，才不会产生过于平淡、沉闷、呆板、僵硬的感觉，如图7-20所示的数码产品采用灰色与黑色搭配的页面。

图7-20 灰色系页面

7.7.3 黑色系网店

黑色是全色相,即饱和度和亮度均为0的无彩色。较暗色是指亮度极暗,接近黑的色彩。这类色彩的属性几乎脱离色相,集成黑色,却比黑色富有表现力。因此,如果能把握好色相,设计师应尽可能地用较暗色取代黑色。

黑色是一种流行的主要颜色,适合和许多色彩作搭配。黑色具有高贵、稳重、庄严、坚毅、科技的意象,许多男装、数码产品类店铺的用色,大多采用黑色与灰色,另外黑色也常用在音乐网店中,如图7-21所示是黑色的男装店铺。

图7-21 黑色系男装店铺

第8章
各行业网店设计与配色案例解析

 本章指导

本章将介绍各行业的网店设计与配色案例,有手机类、服装类、化妆品类的店铺等,让你学一学其他掌柜是怎么用心装修的。新手学习网上开店,一定要虚心学习,多参考一些优秀的商家或皇冠级店铺,学习他们的店铺设计经验,可以少走弯路。

第8章 各行业网店设计与配色案例解析 117

8.1 女装网店

根据专业机构"艾瑞咨询"最新统计的数据显示，服装是最受欢迎的网上购物门类，据统计2015年上半年，中国服装网购市场整体交易规模为4130.5亿元，而女装店铺又占有绝对优势。五彩缤纷的女装在给人们生活带来美和享受的同时，也给店主带来了不菲的收入。

8.1.1 女装网店的经营特点

网上女装市场毛利高，但竞争环境也相当激烈。想在这么多女装店铺中脱颖而出，不是简单的事情。给买家展示服装最真实、最漂亮的一面，不仅有助于店铺的销售，更有助于买家选择适合自己的服饰。在经营女装店铺时，需要注意如下特点。

1. 多注意流行趋势

平时多留意流行信息，多看一些时尚栏目的节目，如《美丽俏佳人》等；时尚杂志也要翻一翻，如《瑞丽》，一定要知道流行什么，了解流行趋势，如图8-1所示是杂志上流行的女装展示。

图8-1　翻看杂志注意流行趋势

2. 不同档次满足不同需要

网店经营其实跟现实市场一样有高中低档之分，不同消费阶层的顾客会选择相对应的档次消费。如果条件允许，服装经营最好多备几个档次，而档次比例可按经济情况而定，这样可满足不同层次的需求，也给成交带来更多可能机会。买家在接受不了这个价位时可以推荐相同风格的另一档次。

3. 进货技巧

女装店经营的好坏关键在进货。进货时第一看款式，第二看价格，第三看流行，第四看面料。只要款式新、价格低、面料好且符合流行趋势的女装都能卖一个好价钱。

4. 图片拍摄处理要专业

商品图片不仅要吸引人、清晰漂亮，还要向买家传达丰富的商品信息，如商品的大小、感觉等这些看不准、摸不着的信息。如果想用心地经营一个属于自己的品牌店，采用模特实拍图片是必不可少的。建议经营女装的卖家用真人做模特拍摄图片，给买家传达更多的信息，如图8-2所示是采用模特实拍。

5. 避免积压

服装的进货多少，一定要根据实际情况，可不能贪一时便宜，大量进货而造成积压。勤进快销是加快资金周转、避免积压的先决条件，也是促进网店经营发展的必要措施。

图8-2 采用模特实拍

8.1.2 页面分析

下面我们看一下如图8-3和图8-4所示的这家女性服饰类的店铺，它的装修风格唯美精致。由于店铺首页内容比较丰富，截图特别长，因此我们分为两张截图。

第8章 各行业网店设计与配色案例解析 119

图8-3 女装店铺首页的上半部分

这里先对图8-3进行分析，这是店铺的主要部分，首先进入顾客视线的就是左侧部分，包含了店标还有左侧的宝贝分类模块。

右侧展示的区域，是最能吸引顾客停留的地方，店主在公告里写上了优惠活动，很有条理地列出了活动内容，吸引了顾客。几张产品大图是店铺最热卖的商品，放在耀眼的地方极大地增加了点击率。

接下来再往下看，如图8-4所示，左侧列出了"人气推荐"、"最近新品"、"在线帮助"等栏目，并列出了网店的旺旺联系信息，便于与店主联系。右侧的推荐商品区，排列井然有序。

图8-4 女装店铺首页的下半部分

8.1.3 网店配色讲解

很多女装店里的衣服颜色多样,款式不一,很多店主为了突出所经营服装的多变特色,往往喜欢多种颜色一起运用。此时,首先要定一种主色调,然后第二种颜色用得少一些,第三种颜色用得更少。颜色较为靠近的色彩,它们不会冲突,组合起来可以营造出协调、平和的氛围。在店铺色彩的选择上,上面这家店铺以不同深度的红色为主,局部配合紫色、粉色,如图8-5所示是店铺采用的色彩分析。

R 135	R 252	R 155
G 45	G 166	G 55
B 71	B 191	B 151
#872D47	#FCA6BF	#9B3797

图8-5 色彩分析

第8章 各行业网店设计与配色案例解析

女装类店铺一般装修得比较柔和，女孩子都喜欢温馨一点的色彩，如粉色、紫色、红色等，还会结合其他素材，如蝴蝶结、丝带、蕾丝、花朵等进行装饰。主题素材上喜欢选用卡通美女、明星图片、可爱玩具等，如图8-6所示店铺采用卡通美女装饰。

图8-6 采用卡通美女装饰

8.2 美容化妆网店

利润丰厚的化妆品市场无论在网上或网下都蕴藏着巨大的商机，这自然吸引了大量商家进入。

8.2.1 美容化妆网店的经营特点

如今网上美容化妆品店越来越多，竞争也越来越激烈，各商店纷纷使出浑身解数吸引更多的人投入其中。一些没有特色、没有价格与信誉优势的小店，将不会再有竞争力。那么，网上美容化妆品店如何才能在竞争中立于不败之地呢？

1. 保证质量和货源

首先要保证商品为正品，有固定可靠的货源。买家一旦使用了假化妆品，不仅不能美容还很可能被毁容。因此，买家对于化妆品质量的担忧，是化妆品网店经营最大的问题。推出"承诺无条件退货"等售后服务对于提高买家的信任很有必要。

2. 关于品牌和产品的选择

据2015年淘宝网销售数据显示，消费水平的快速提升让高端化妆品市场更兴旺。主流消费也从过去的单品均价200元以内，逐步向高档化妆品主流消费单品均价500～600元的雅诗兰黛、兰蔻层次靠拢。

建议卖些网上炒得很火的产品，还有就是多看些美女时尚类的杂志，多注意杂志的推荐产品。一般来说当期推荐的产品，销售量明显多一些，还有看电视广告，正在大做广告宣传的产品也是热门产品，如图8-7所示的是杂志推荐产品。

3. 要找到卖点

卖化妆品，一定要拿出一个招牌品牌，或推荐自己觉得好用的。因为毕竟效果怎么样自己最清楚。卖点就是店铺的闪光点，就是店铺吸引买家购物的地方。如图8-8所示店铺的招牌产品设计非常精美，一般放在店首页重要的位置进行推荐。

4. 要掌握一定的美容化妆知识

美容化妆网店的经营者必须具备一定的化妆护肤常识。因为化妆品切实关系到使用者的皮肤健康和身体健康。如果没有一定的化妆护肤常识就容易被化妆品的表象迷惑。几乎所有的化妆品广告都是夸大其辞的，但是作为卖家，我们不能夸大产品用途，要敢于对买家说真话。面对买家，要仔细询问对方的年龄、肌肤性质、肌肤特点，及其对护肤品的期望值，清楚后才能有针对性地选择适合她们的产品。

第8章 各行业网店设计与配色案例解析 123

图8-7 杂志推荐产品

图8-8 店铺的招牌产品

5. 培养忠实回头客

据了解，网上化妆品店"80%的利润来自20%的老客户"，由于化妆品是日用品，用完了还要消费，所以要想利润最大化，就要赢得更多的客户，尤其是忠实的客户，培养客户的忠诚度，让买家成为回头客。

8.2.2 页面分析

下面的店铺主要经营美白保湿、抗老活肤、瘦身丰胸、彩妆护肤等商品，此店铺的装修色调以橙黄色为主，并且搭配其他色彩，体现了女性肌肤的柔和细腻等特点，与所售商品相得益彰，它带给我们奢华高贵的感觉，让人觉得物有所值，能够使买家产生愉悦的心情。

由于店铺首页比较长，这里采用图8-9和图8-10两幅截图。如图8-9所示是店铺首页的上半部分，这部分是店铺非常重要的部分，主要有网站导航、商品分类栏目、店铺

图8-9 美容化妆品店铺首页的上半部分

重要的推荐产品。在店铺的推荐产品展示中，采用了翻转显示图片的方法，展示了多个重要产品，节省了空间。在页面的最下部还使用了生动形象的图片展示了产品的使用流程。

而图8-10所示则是店铺首页的下半部分，显示了最热卖的商品推荐，这样标示了价格的图片展示让买家一目了然，有想点击的欲望，大大提高了商品的交易量。再往下，左侧依次显示了店铺公告、收藏店铺、网店联系旺旺信息、宝贝的详细分类，右侧分类展示了商品信息。

8.2.3 网店配色讲解

毫无疑问，美容化妆品网店绝大部分都是面向女性的，因此美容化妆品类网店尽显女性美丽、柔美、时尚的特点，配色风格大多格调高雅、妩媚，营造这种氛围以高明度、低纯度的色彩最为合适，如橙黄色、粉色、红色、淡绿色、米黄色等，如图8-11所示为本例采用的色彩分析。

图8-10　店铺首页的下半部分

图8-11 店铺采用的色彩分析

8.3 计算机数码类产品网店

计算机数码类产品因为给人的感觉科技含量高,在装修风格上应尽量专业。现在很多网店装修页面充满着各种闪光、酷炫的图片和文字,可能这样会让卖家自我感觉良好,觉得自己的店很酷、很炫,但对于一个数码类的店铺而言就不合适了。

8.3.1 计算机数码类产品网店的经营特点

目前在网上开计算机数码产品类的网店很多,做到金冠皇冠的也有很多,他们做到如此的成就究竟靠的是什么呢?从几位金冠卖家口中得知:不是靠花哨,是凭实力,以及秉承实实在在的企业家精神为大家做事,靠搞欺骗的手段是不可能长期生存下来的。

1. 要有价格优势

网上卖计算机数码产品类商品,一定要有价格优势。通过网店买到便宜的行货,还能享受很好的服务,很多人都会心动。一般买家在网上购买此类产品时都很谨慎,比较以后才去购买,同样品牌的商品,价格是很重要的因素。

2. 注意售后服务

销售数码、电脑类产品,还要注重返修率,所以在进货时要与厂商协商返修成本的问题,然后再决定进货的价格。店主还要懂得如何测试产品的好坏,辨别其质量程度,否则较高的返修率在减少利润的同时，也会对信誉造成不良影响。提醒买家注意售后服务和合理的退货政策，确保交易少出差错。

3. 专业的服务

计算机数码产品的进入门槛相对较高，需要具备一定的专业知识，如产品的功能特点、辨别产品的优劣，以及帮助买家排除一些小故障。从回答买家的提问到给买家留言都要用心而且服务要周到，把每一笔交易都看成是很重要的。

8.3.2 页面分析

下面是一个数码摄影器材商店，由于店铺首页的图比较大，这里也分图8-12和图8-13两幅图来截取。这个店铺的分类虽然分得很细化，但一点也不杂乱，非常有规律。有些卖家喜欢把大的小的卡通人物都放在一起，和店铺的分类混乱地搭配在一起，这样只有卖家自己能分得清，买家根本找不到要买的东西。一定要记住，作为卖家，只要把商品分类做得科学整洁，能让买家最快地找到自己所需要的商品就可以了。

如图8-12所示是首页的上半部分，在页面顶部有弹出式分类菜单，当单击"全部分类"导航时，将显示出全部的一级和二级商品分类，当不需要时也可以关闭弹出菜单，便于浏览者一进入页面就可以找到相关的商品类别。

图8-12　数码摄影店分类细化

如图8-13所示是店铺首页的下半部分，左侧是清晰的产品分类目录和宝贝销售排行榜，右侧是页面的主要内容，以产品的促销展示为主，信息量大，便于买家浏览更多不同的商品。

图8-13　数码摄影店展示商品

另外，单击商品图片，进入商品详情页面后，在商品的说明中详细描述了有关的技术参数、保养方法等，便于买家比较、购买。

总的来说这个店铺给顾客的直观感觉就是很专业，店主不仅仅是位普通的商家，而且还是一个专业的IT人士，和他销售的数码产品身份相符，可以给顾客一种专业的信任感。

8.3.3 网店配色讲解

计算机数码类店铺在颜色选择上，红色、灰色、黑色、蓝色都是不错的选择。但是切忌颜色与图片搭配过于花哨，抢了产品的风头。本例的页面整体上采用了红色系列为主，使用红色与灰色的搭配使店铺展示非常醒目，红色会使店铺看上去更加干净和明亮，还用到一点灰色作为点缀，如图8-14所示为店铺采用的色彩分析。

尽量选择稳重大方的颜色，才能够从现实意义上留住买家。那些以花招赢取卖家的做法效果是不会长久的。

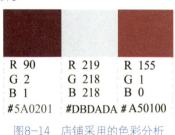

图8-14　店铺采用的色彩分析

8.4 家居日用品网店

淘宝网上的家居日用品网店是消费者最熟悉和常见的，这些小店里的产品很多颇具个性，能满足很多年轻消费者的个性需求。

8.4.1 家居日用品网店的经营特点

2016年家居日用品网购市场相比前几年，销售上升非常显著。消费者的购买范围普遍扩大，包括建材、家具、家饰、家居日用品等方面，家装"全网购"时代已经到来。家居日用类商品已经成为最畅销商品类型之一。

首先，家居日用品类网店最好要有实体店支持。对于数千元以上的产品，很多人都不会轻易下单，一般会先去实体店考察一下，对其有大致了解。如果有实体店，买家会觉得比较放心，至少售后的服务有地方可以找，如图8-15所示为家居日用品实体店。

其次，销售有品牌的产品。一般消费者在购买大件商品时肯定会选择有品牌保证的，毕竟是大笔花销。有品牌的产品给人以信任感，因为其品牌的知名度和实力能让人放心。

图8-15 家居日用品实体店

第三,消费者在网上购买家居产品时,首先会考察网店的信誉度、交易量等因素。店主可以在网上发布信息告诉买家,如果与描述的不符,或者质量有问题,可以退货,增加消费者的信任。

第四,销售一些特色家居。如藤艺、竹制家具及藤椅、藤床、藤沙发、竹垫、竹屏风,以及藤箱等产品。

8.4.2 页面分析

下面的店铺是销售家居用品的店铺,店铺风格非常有特色,风格时尚高雅、简洁明快,图片展示丰富多彩。如图8-16所示的店铺首页,产品展示清晰,促销设计得非常抢眼,有大量产品的促销信息,容易抓住买家的购买欲望。

第8章 各行业网店设计与配色案例解析 | 131

图8-16 家居用品店铺首页

店铺的宝贝描述也非常简约、有特色，如图8-17所示。有清晰的大图，详细的商品介绍，更多的细节图和不同色彩的商品展示，还详细地解释买家注意事项。另外在产品说明中提及店铺内其他商品的介绍和促销信息，更容易吸引买家浏览更多的商品，达成交易。

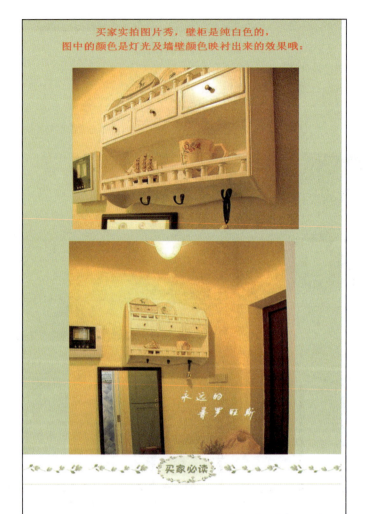

图8-17 商品详情页面

8.4.3 网店配色讲解

家居日用品店的装修可根据其销售产品的类型来选择合适的色彩。如日常生活用品的家居店铺,可以选择那些带有居家感觉的风格;田园风格类的家居饰品,则可选择自然风格、蓝天白云、青山绿草。一般家居日用品店的颜色可以选择橙色、黄色、绿色、粉色、红色等为主色。

本例的页面颜色采用绿、红色搭配,网页色彩鲜明,用绿色作为店铺的主色调,突出健康环保的绿色主题,如图8-18所示是店铺采用的色彩分析。

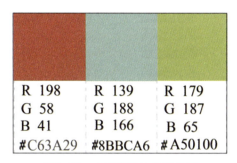

图8-18 店铺采用的色彩分析

8.5 男性商品类网店

男性顾客在购物时独立性较强,对所购买的商品性能等知识了解得较多,一般不受外界购买行为所影响。

8.5.1 男性商品类网店的经营特点

在经营男性商品类网店时,要注意男性消费心理及特点,这样就能更好地为顾客服务。男性消费者相对于女性来说,购买商品的范围较窄,注重理性,较强调阳刚气质。其特征主要表现为以下几点。

(1)注重商品质量、实用性。男性消费者购买商品多为理性购买,不易受商品外观、环境及他人的影响。注重商品的使用效果及整体质量,不太关注细节。

(2)购买商品目的明确、迅速果断。男性的逻辑思维能力强,并喜欢通过杂志等媒体广泛搜集有关产品的信息,决策迅速。

(3)强烈的自尊心,购物不太注重价值问题。由于男性本身具有的攻击性和成就欲较强,所以男性购物时喜欢选购高档气派的产品,而且不愿讨价还价,忌讳别人说自己小气或所购产品"不上档次"。

掌握了商品和市场的"性别属性",便可以按照男性消费者的心理,选择制定最适合的经营策略。

8.5.2 页面分析

男性商品无论是服装鞋帽还是包箱用品,都要体现男性的品味、修养、气质。很多男性朋友喜欢简约、个性的风格,下面来看一看这个店铺的装修风格吧,如图8-19所示。

图8-19 男装店铺

首页主要划分了四大版块,如形象区、新产品区、宝贝分类区、掌柜推荐商品区。左侧模块也用到了搜索店内宝贝和宝贝销售排行榜,分区非常完善。这类店铺在设计时,切忌过于花哨和杂乱。

8.5.3 网店配色讲解

男性用品其颜色一般比较单一,设计风格也比较简洁大方,应该突出健康、活力、简单大方的特点。男性印象的色彩大都用黑色、灰色或蓝色来表现,与鲜明的女性色彩不同,这种色彩具有稳重和含蓄的特点。黑色可以表现出男性的刚强,蓝色给人以冷酷、干净的印象。常用深暗且棱角分明的色块表现男性主题,选用的图片也带有力量感。

店主通过黑、蓝、灰三个颜色打造了这个网店的整体页面效果,装修风格简单明了,如图8-20所示为本例采用的色彩分析。

图8-20 店铺采用的色彩分析

8.6 珠宝饰品网店

目前在淘宝上大大小小的珠宝饰品店有数十万家,种类繁多,包括金饰、银饰、翡翠、宝石等,还有一些地方特色产品,如云南工艺品、藏饰品等。不同类型的饰品,其利润也厚薄不等。

8.6.1 珠宝饰品网店的经营特点

1. 目标明确

当决定开一个珠宝饰品店之后,首先要确定走什么样的路线。饰品种类繁多,总结起来一个是大众类,一个民族特色类。对于民族特色类,一般只有货源稳定的才会做。大部分的店铺都是大众类。

2. 要提高成交率

我们知道,一般来逛珠宝饰品店的人通常只是来看一看,并没打算购买饰品,还有一些人看到自己喜欢的饰品则会立即产生购买,我们称之为"冲动型"购物,而大部分人即使看到喜欢的珠宝饰品也不会购买,因为他们觉得不需要。

记住,卖给客户的不是珠宝饰品本身,而是饰品能给客户带来的期望,让顾客想象她戴上这件饰品后是多么的美丽、时尚、有魅力、有品位。提高与客户的成交率,这是珠宝饰品店成功经营的首要条件。

3. 流行款式

珠宝饰品能否引起买家购买的欲望,主要取决于产品是否吸引人。因此,还要注意流行趋势,时刻注意当前饰品的走势,在款式上先取胜,满足不同个性的人的需求。

4. 注意业内资讯

现在是信息社会,各种渠道的信息,只要你想要就一定可以找到。比如,最近一期的时尚杂志出了哪些新款饰品,现在热播的电视剧里女主角戴的是什么饰品,这些都要去了解。

8.6.2 页面分析

珠宝饰品对照片要求很高,需要卖家付出很多时间去拍摄照片,可以运用大图片展示商品细节,并变换角度拍摄商品,从不同侧面展示商品品质,使商品具有良好的视觉效果,如图8-21所示是珠宝饰品店铺首页上半部分。

第8章 各行业网店设计与配色案例解析　137

图8-21　珠宝饰品店铺首页上半部分

为了醒目，可以把产品导航放在明显的地方，用特殊样式的导航按钮标注出产品分类。网页的插图应以体现产品为主,营造店铺形象为辅,尽量做到两方面能够协调到位,如图8-22所示。

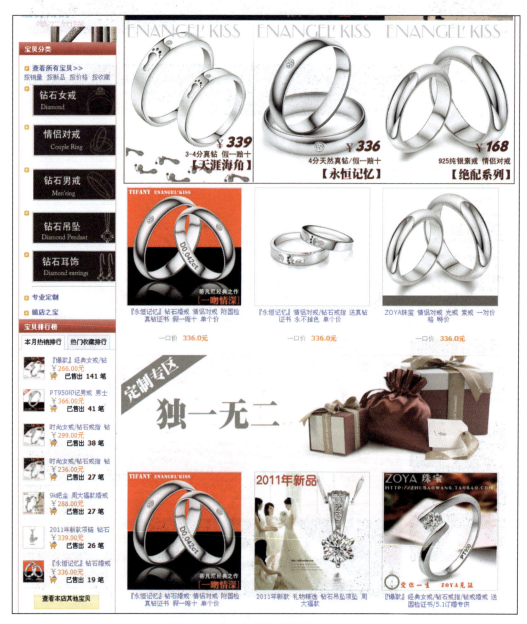

图8-22 珠宝饰品店铺首页下半部分

第8章 各行业网店设计与配色案例解析 139

这个店铺还提供了该商家的实体店铺照片，让网上的顾客看到实体店铺的照片，了解店主的销售实力，可以使顾客对店主产生信任感。另外，珠宝饰品店要做好，一定要有好的售后服务。

8.6.3 网店配色讲解

珠宝首饰类店铺可以使用高雅的红色与黑色、咖啡与金黄色等搭配。本例是一个典型的珠宝首饰店铺，从整体效果来看色彩艳丽，使人感觉既时尚又可爱，漂亮的产品图片增强了网站的优雅感，使整个网页符合女性感性的心理特点却又不缺乏活力的动感。本例采用了红色、黑色和灰色搭配，如图8-23所示是店铺采用的色彩分析。

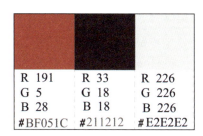

图8-23 店铺采用的色彩分析

8.7 箱包网店

网上买箱包好处有很多，款式多样，各个级别各个档次的箱包都有，只要选择了好的店家，整个购物过程都是一种享受。越来越多的人在网上购买箱包，因此出现了很多箱包网店。

8.7.1 箱包网店的经营特点

面对众多箱包网店的竞争，如何能使自己突破局限，迅速成长，达到成功？下面讲到的几点策略和技巧能帮助店铺脱颖而出。

1. 有稳定的进货渠道

靠近工厂，靠近顶级代理、经销商，靠近专业大市场，电子商务生存的基础之一就是缩短了进货渠道，提高了流通的效率，降低了流通成本。成功的淘宝网店，大都是比一般小店的进货渠道短。

2. 有突出的卖点

卖点涉及许多方面，这里给大家总结了几个关键词的使用技巧。
（1）价格优势：可用"换季狂甩"、"厂家直销"、"特价"等刺激眼球的词。
（2）信誉优势：可用"皇冠"、"100% 好评"、"好评如潮"等词。
（3）人气优势：可用"热卖××"、"最后×× 件"、"断货断码"、"卖疯了"等词。
（4）产品其他优势：可用"×× 品牌"、"包邮"、"最新"、"独家代理"等词。

3. 商品种类尽可能齐全

产品的风格要多样化，质量要过关，性价比高，减少差评率。把新货挂到网店明显位置，但是不要为了增加数量而不顾及质量。不要因为生意不好而放弃上货，如果网店里的商品总是几张老面孔，不能给人带来新鲜感，买家会看烦的。

8.7.2 页面分析

如图8-24所示，从店铺首页来看，它采用了典型的销售型网页设计，直接把产品图片、价格标注到首页上，可以使顾客在此选择并了解需要选购的产品信息。尤其是店主在上方的图片中明确标注了该商铺的折扣信息，这样更容易吸引顾客的眼球。并且在店铺首页的上部分明显位置有秒杀的产品，店主把一些超值的商品价格定得很低，并在店铺里告知秒杀时间，让所有买家在同一时间进行抢购。等秒杀时间一到，等候在电脑前的买家们便纷纷点击鼠标购买。由于商品价格超级低廉，所以一上架就会被瞬间抢购一空，整个购买过程基本是在1秒钟内完成。

第8章 各行业网店设计与配色案例解析

图8-24 店铺首页

如图8-25所示店铺的栏目分类，目录齐全，分类很详细，各方面都考虑到了，便于顾客找到产品；另一方面，使人感到这是一个很大的店，增强信任度。并且在店铺的左侧列出了店铺的营业时间、包快递说明、快递物流信息等。

图8-25 店铺首页下半部分

8.7.3 网店配色讲解

箱包类网店的客户以女性为主,配色大多格调高雅、妩媚温柔,以红色、粉红、黑色搭配为主,如图8-26所示是本例采用的色彩分析。

R 214	R 237	R 230
G 5	G 73	G 230
B 0	B 107	B 231
#D60500	#ED496B	#E6E6E7

图8-26 店铺采用的色彩分析

8.8 鞋类网店

8.8.1 鞋类网店的经营特点

1. 大量清晰宝贝图片

如图8-27所示的宝贝内容描述中有几十张清晰的宝贝照片,对于卖鞋类的网店这点尤其重要,需要全方位的宝贝图片,最好把这些宝贝最详细的细节全部都展示出来,这是非常必要的。大量的图片会冲击客户的视觉。

图8-27 大量的宝贝图片

2. 标题优化

如果这个宝贝有"折扣"、"包邮"或者"零风险承诺",那么一定要让这些信息出现在宝贝标题中,切记,它是提高你宝贝标题点击率的非常有用的营销手段!

3. 零风险承诺

网购最关键的命门在于:解决信任的问题。可以做出以下承诺:无条件退款,无条件退货,加入消保,假一赔十,不满意就退款等。一句承诺就能决定你的宝贝是否热卖!

8.8.2 页面分析

如图8-28所示,这个店铺一眼望去就知道是个关于鞋类的店铺,就像超市那样,琳琅满目的商品摆满店铺,高跟、平底、凉鞋任你挑,任你选,每个商品下面都有明码标价,童叟无欺,怎么样,还没动心吗?

图8-28 鞋类店铺首页上半部分

第8章 各行业网店设计与配色案例解析 145

这个店铺还有一个特点就是商品图片风格统一，让买家把大部分注意力都放在商品展示上，装饰性的图标是配角，主角是商品图片和说明文字，这是装修店铺所要达到的目的，非常适合卖家学习。

下面来具体放大观察部分细节的展示，首先看左侧部分，如图8-29所示，该店主在左侧加入了收藏按钮，这样可以大大提高买家的点击率从而提高收藏人气，在淘宝网收藏人气越高，店铺或商品被浏览到的机会就越大。另外还有购物优惠券，购满一定的金额后有不同的优惠券可以领取。

图8-29　鞋店首页下半部分

8.8.3 网店配色讲解

现在网上有很多鞋店，若要顾客走进你的鞋店，就得弄出一点特色，一家鞋店好比一个人的特点，鞋店没有特色，就变得毫无品味。根据自己的定位风格，要设计相应的装修风格，卖品牌的要大气，卖时装鞋的要前卫时尚，卖休闲鞋的要足够休闲浪漫。关于配色可以选择红色、紫色、黑色、绿色等多种色调，本例采用的色彩分析如图8-30所示。

R 233	R 71	R 107
G 34	G 173	G 198
B 27	B 46	B 255
#E9221B	#47AD2E	#6BC6FF

图8-30　店铺采用的色彩分析

8.9 童装网店

随着童装网店越来越多，童装网店应该怎样装修才能吸引更多的顾客？品味的高与低、内涵的深与浅、形式的美与丑，不是信手拈来、轻而易举的事，所以在童装店的装修上应该做足文章，才能让自己的童装店从众多的店面中"脱颖而出"。

8.9.1 童装网店的经营特点

我国拥有庞大的童装消费群体，童装市场具有极大的开拓潜力。根据有关人口统计年鉴，我国14岁以下的儿童约有3.14亿，随着新生儿出生数进入高峰期，中国将形成一个庞大的儿童消费市场。加之人们收入水平的提高，特别是城镇及农村消费能力的增强，也将成为带动童装市场需求增长的因素之一。童装有1500亿元的市场潜力，对于童装电子商务而言，这个新兴渠道肯定会随着80后父母购物习惯的改变而成为有竞争力的渠道。

童装店的经营状况如何，跟商品的定位和进货的眼光有很大关系。要做好一家童装店，除了要有良好的销售方法外，最关键的一点是要"懂"进货。这个"懂"字包含的内容非常多，不仅要知道进货的地点、各批发市场的价格水平和面对的客户群，还要了解儿童的喜好、身材特点，更重要的是要会淘货。

8.9.2 页面分析

针对不同的消费群体,要有不同的主题模板。一般来说,插画、时尚可爱、桃心、花边等风格适合女装类店铺,而黑白搭配、有金属质感的设计风格更适合男装店铺。童装店最好采用卡通风格。

网店的整体风格要一致。从店标的设计到主页的风格再到宝贝页面,应采用同一色系,最好有同样的设计元素,让网店有整体感。在选择分类栏、店铺公告、背景音乐、计数器等东西的时候也要从整体上考虑。

如图8-31所示的童装网店,在"男装新款"、"宝贝排行榜"部分可以浏览到店铺的部分新到商品和热销商品,可以在商品搜索中通过快速搜索或者高级搜索功能搜索本网店拥有的商品。

8.9.3 网店配色讲解

童装类店铺要突出温馨柔和的风格,粉色、黄色、蓝色都是妈妈和宝贝喜欢的颜色,对于从事这类商品销售的卖家不妨在颜色上下一些工夫,选

图8-31 童装网店

择一种适合的色调来搭配店铺产品会有很好的效果，能发挥出它的光彩。本店铺以黄色、灰色为主搭配，如图8-32所示是本例采用的色彩分析。

R 248	R 216	R 143
G 196	G 216	G 62
B 0	B 218	B 139
#F8C400	#D8D8DA	#8F3E8B

图8-32 店铺采用的色彩分析

8.10 食品网店

如今，网上购物越来越受到消费者的欢迎，通过网络商品交易平台购买食品的消费者也越来越多。

8.10.1 食品网店的经营特点

1. 食品要体现特色

在淘宝上做食品的卖家们通常都有自己的特色产品，尤其是从事地方特色产品的卖家，要把自己的特色展现出来，就得通过带有该地地域特色、被社会公认的标志性东西表现出来，可以是一张地域名胜风景图，可以是民族的服饰风格或饮食风格，可以是地域性的产品图片。

2. 注重进货与定价

食品这种商品的进货和定价是一般网店经营的关键。在重点"打造"明星产品时，最好能找几样"绿叶"来衬托这些"红花"。

3. 让店铺亲近大自然

绿色环保是人们共同追求的目标，在绿色和环保中包含着人们对健康的渴求，对生命的热爱。店铺只有经营绿色食品，并进行绿色推广才可以永久抓住顾客的心。

4. 采用暖色风格

暖色风格可以让顾客有好心情、好胃口，暖色通常可以让人们感到愉悦、舒畅、胃口大增。

8.10.2 页面分析

下面看一下这个卖特产的食品店的装修,页面采用了丰富的色彩搭配,产品跃然纸上,众多的活动主题,让人忍不住想去点击,如图8-33所示。

图8-33 食品店铺

仔细分析可以看到，该店铺的商品图片，无论尺寸大小还是图框设置都做得非常搭配，整个店铺看起来很统一。这么多的促销图片，看得出店主不仅在店铺外观上很费心，在管理上也做得很棒，因此买家打开这个店铺，就想购买店家的商品。

8.10.3 网店配色讲解

现如今在网上购买各类食品的人越来越多，随着食品店的增多，竞争也变得激烈了，因此要想在竞争中占有优势，就必须重视网店的装修。在装修食品类店铺时要注意突出环保、无污染的健康态食品，因此在选择色彩时，可选择绿色、蓝色、红色等为主色调，如图8-34所示是本例采用的色彩分析。

图8-34 店铺采用的色彩分析

第9章

处理好照片，装修有优势

 本章指导

顾客在购买的那一刻是感性的，一张好图胜过千言，无论是在淘宝上开店还是其他的网上商店都少不了商品图片。一张漂亮的图片可以让店铺的宝贝脱颖而出；可以为店铺的宝贝带来人气；可以让买家心情愉悦，怦然心动。本章介绍如何利用图片处理软件处理出精美的商品照片。

9.1 简单的照片处理

网上商店精美的产品图片使人产生愉悦的快感，增加产品销售成交率。淘宝商品图片分为两种：一种是宝贝标题图片，也就是买家在搜索结果及广告等各个地方看到你的产品缩略图，他们通过这个图片来大致了解你的产品是什么样子的；另一种就是宝贝描述图片，这部分图片对标题图片起到补充作用，图片可以更大，并且限制较小。

9.1.1 调整拍歪的照片

商品照片拍歪是经常遇到的情况，本节将讲述如何利用Photoshop处理拍歪的照片，具体操作步骤如下。

（1）启动Photoshop，打开一张拍歪的照片，如图9-1所示。

图9-1 打开图像

（2）选择"图像"｜"图像旋转"｜"任意角度"命令，如图9-2所示。

图9-2 选择"任意角度"命令

第9章 处理好照片，装修有优势　153

（3）弹出"旋转画布"对话框，将"角度"设置为"7"，选中"度（逆时针）"单选框，如图9-3所示。

（4）单击"确定"按钮，即可将拍歪的照片调正，如图9-4所示。

图9-3　"旋转画布"对话框　　　　　　　图9-4　调整图像

小提示

究竟什么样的图片才是合格的宝贝标题图片呢？
- 首先宝贝标题图片要清晰、醒目和美观，不要产生拉伸和扭曲现象。
- 产品图片要居中，大小合适。不能为了突出细节，造成主体太大。这种视觉冲击让买家看了很不舒服，分不清主次，不能全面直观地了解你的产品。
- 宝贝图片的背景不能太乱，太随意，要和主体产品搭配。

9.1.2　缩小图片

在经营网店的过程中，经常碰到有些照片由于文件太大而无法上传的情况，这时就需要将其缩小一些。本节将讲述调整照片大小的具体操作步骤。

（1）启动Photoshop，打开图像文件，如图9-5所示。

图9-5 打开图像

（2）选择"图像"|"图像大小"命令，弹出"图像大小"对话框，在该对话框中将"宽度"设置为"500像素"，"高度"会自动匹配对应的数值，如图9-6所示。

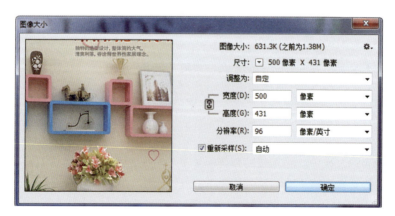

图9-6 "图像大小"对话框

（3）单击"确定"按钮，调整图像大小，如图9-7所示。

第9章 处理好照片，装修有优势

图9-7 调整图像大小

9.1.3 自由裁剪照片

上传到店铺中的图片需要设置成一定的尺寸才能完美地显示。有些照片直接缩小并不能达到想要的效果。下面介绍如何自由裁剪图片到想要的尺寸，具体操作步骤如下。

（1）启动 Photoshop，打开照片，选择工具箱中的"裁剪工具"，如图 9-8 所示。

图9-8 选中"裁剪工具"

（2）按住鼠标左键拖动选择框上的控制点，以选择要保留的区域，如图9-9所示。

图9-9　选择区域

（3）调整好裁剪的区域后，双击鼠标左键确定裁剪区域，如图9-10所示。

图9-10　裁剪图像

9.1.4 将图片调整为适合淘宝发布的尺寸

淘宝对于图片的尺寸大小,不同的地方有不同的规定,另外图片大了也会影响页面的打开速度,所以常常要压缩图片。下面介绍产品图片的压缩方法,具体操作步骤如下。

(1)启动 Photoshop,打开一张图片,如图 9-11 所示。

(2)选择"文件"|"另存为"命令,弹出"另存为"对话框,选择文件位置、文件名等,选中"作为副本"复选框,如图 9-12 所示。

(3)单击"保存"按钮,弹出"JPEG 选项"对话框,如图 9-13 所示。这里将品质设置为"8",即能满足网上图片的显示质量要求。

图9-11 打开图像文件

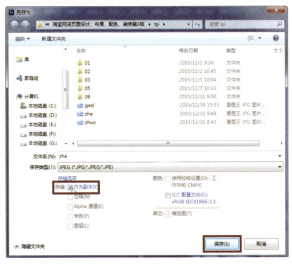

图9-12 "另存为"对话框

图9-13 "JPEG选项"对话框

(4)单击"确定"按钮,即可成功压缩图片,如图9-14所示。

9.2 调整照片效果

在拍摄图片时,由于某种原因,拍出来的图片可能没有那么完美。这时就需要用专门的软件处理一下,然后再上传。从本节开始将介绍网店行家常用的几种Photoshop功能,即使以前不会使用Photoshop的人,只要根据下面介绍的操作步骤一步步地操作,也能制作出令人满意的图片来。

图9-14 成功压缩

9.2.1 调整曝光不足的照片

图9-15 打开图像文件

通常由于技术、天气、时间等原因或条件所限,拍出来的照片有时会不尽如人意,最常见的问题就是曝光过度或者曝光不足。下面就向大家介绍如何在 Photoshop中处理曝光不足的照片,简单而有效,具体操作步骤如下。

(1)打开一张曝光不足照片,如图 9-15所示。

(2)选择"图像"|"调整"|"曝光度"命令,弹出"曝光度"对话框,如图9-16所示。

第9章 处理好照片，装修有优势   159

图9-16 "曝光度"对话框

（3）在该对话框中将曝光度的值增大，然后单击"确定"按钮，即可调整图片的曝光度，如图9-17所示。

图9-17 调整曝光度

9.2.2 调整曝光过度的照片

由于拍摄时光线太强烈，或在拍摄时加入了太多的白色而看不清商品图片，这就是曝光过度。本节讲述如何调整曝光过度的照片，具体操作步骤如下。

(1)打开一张曝光过度照片,如图 9-18 所示。

图9-18 打开图像文件

(2)选择"图像"|"调整"|"曝光度"命令,弹出"曝光度"对话框,如图 9-19 所示。

图9-19 "曝光度"对话框

(3)在该对话框中将曝光度的值减小,然后单击"确定"按钮,即可调整图片的曝光度,如图 9-20 所示。

图9-20 调整曝光度

9.2.3 调整模糊的照片

用数码相机或手机拍照,难免会因为各种原因使照片效果不尽如人意,其中照片模糊是最常见的。使用Photoshop调整模糊图片的具体操作步骤如下。

(1)打开一张模糊照片,如图9-21所示。

图9-21 打开图像文件

（2）选择"图像"|"模式"|"Lab 颜色"命令，调整图片模式，如图 9-22 所示。

（3）打开"图层"调板，在该调板中将"背景"图层拖动到"创建新图层"按钮上，复制"背景"图层，如图 9-23 所示。

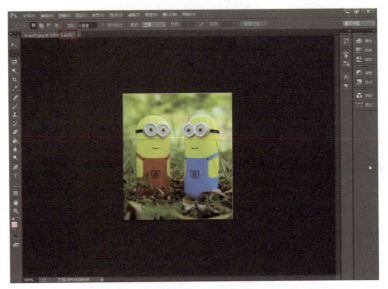

图9-22　选择Lab颜色　　　　　　　　　　　　　　图9-23　复制背景

（4）选择"滤镜"|"锐化"|"USM 锐化"命令，弹出"USM 锐化"对话框，根据需要设置相应的参数，然后单击"确定"按钮，如图 9-24 所示。

（5）将图层混合模式设置为"正常"，不透明度设置为"70%"，如图 9-25 所示。

图9-24　"USB锐化"对话框　　　　　　　　　　　图9-25　设置不透明度

第9章 处理好照片，装修有优势 **163**

（6）如果还是不够清楚，还可以复制相应的图层，直到调整清晰为止，如图9-26所示。

9.2.4 调整对比度突出照片主题

对数码照片进行适当的调整是非常必要的。要突出图像的主题，首先必须确认图像的主题是什么。只要主题确认下来了，剩下的步骤就很简单了。通过提高主题与背景的对比度、模糊背景、背景简单化等方法，都可以很有效地突出主题，具体步骤如下。

（1）打开一张图像文件，如图9-27所示。

图9-26 调整后

图9-27 打开图像文件

（2）选择"图层"|"新建调整图层"|"色阶"命令,弹出"新建图层"对话框,如图9-28所示。

（3）单击"确定"按钮,打开调整面板,在该对话框中设置相应的参数,如图9-29所示。

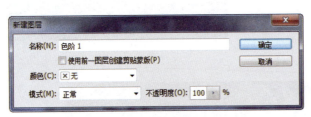
图9-28 "新建图层"对话框

图9-29 调整面板

（4）按Ctrl+C组合键复制图像,然后选择"编辑"|"粘贴"命令,得到一个调整后的合并图层,如图9-30所示。

（5）对复制得到的图层执行"滤镜"|"模糊"|"高斯模糊"命令,弹出"高斯模糊"对话框,在该对话框中设置相应的参数,如图9-31所示。

图9-30 复制图层

图9-31 "高斯模糊"对话框

（6）单击"确定"按钮，设置高斯模糊。并将图层的混合模式改为"强光"，不透明度改为"80%"，并添加图层蒙版，将需要恢复清晰的部分用画笔工具以黑色进行涂抹，如图 9-32 所示。

（7）调整后的效果，如图 9-33 所示。

图9-32　设置图层模式

图9-33　调整后的效果

9.3 为照片添加水印和边框

使用Photoshop给宝贝图片添加边框、背景、水印，就是对自己的宝贝图片进行加工处理，主要目的是突出宝贝、防止图片被别人盗用和统一店铺风格。

9.3.1 为照片添加水印防止他人盗用

为了吸引顾客，卖家通常会用各种办法把店铺中的商品拍得更加漂亮，做了很多准备工作。可以说每一张商品图片都是卖家的劳动成果。但部分卖家直接盗用别人的图片，用在自己的店铺里，如果卖家一一举报，会浪费很多精力，最好的方法是为自己的图片添加水印。

（1）打开一张图像文件，如图9-34所示。

图9-34　打开图像文件

（2）选择工具箱中的"横排文字工具"，在选框中输入文字，如图9-35所示。

（3）打开"图层"面板，将不透明度设置为"40%"，如图9-36所示，可以看到添加了一个水印。

第9章 处理好照片，装修有优势

图9-35 输入文字

图9-36 设置不透明度

9.3.2 为照片添加相框提高商品档次

　　光影魔术手是一个照片画质改善和个性化处理的软件。此软件简单、易用，每个人都能制作出精美相框、艺术照、专业胶片效果，而且完全免费。为照片添加相框的具体操作步骤如下。

（1）启动光影魔术手软件，如图9-37所示。

图9-37　光影魔术手

（2）单击"打开"按钮，在弹出的"打开"对话框中选择相应的图像文件，如图9-38所示。

图9-38　"打开"对话框

(3)单击右边的"边框图层"按钮,在弹出的列表中单击"花样边框"按钮,如图9-39所示。

图9-39 单击"花样边框"按钮

(4)弹出"花样边框"对话框,在该对话框中选择相应的边框样式,如图9-40所示。

图9-40 "花样边框"对话框

（5）单击"确定"按钮，即可为图像添加边框，如图9-41所示。

图9-41 添加边框

9.4 照片特殊效果处理技法

在使用Photoshop处理图片的过程中，经常需要用到"抠图"的方法将对象从背景中分离出来，这是一种十分重要并应该熟练掌握的技术。"抠图"的方法有很多种，如使用魔棒和套索工具法、蒙版抠图法、通道抠图法、路径抠图法、抽出滤镜等。

9.4.1 把照片中的产品抠出来

下面讲述利用"魔棒"工具抠取图像，具体操作步骤如下。

（1）启动Photoshop，打开图像文件，选择工具箱中的"魔棒工具"，如图9-42所示。

第9章 处理好照片,装修有优势

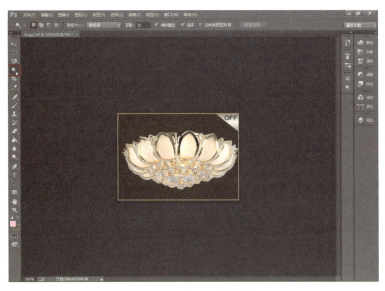

图9-42 打开图像文件

(2)在工具选项栏中的"容差"文本框中输入合适的值。值越大,选取的颜色相差越大,反之,颜色相差得越小,视图片的具体情况而定,在这里设置成"32"。设置完毕后,使用"魔棒工具"在背景上多次单击,如图9-43所示。

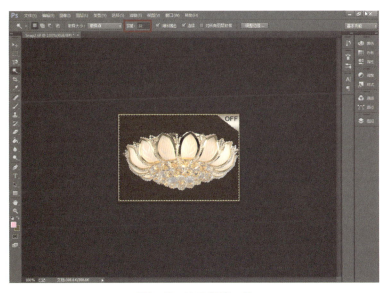

图9-43 使用魔棒工具

（3）选择"选择"|"反向"命令，将图片中的灯选中，如图9-44所示。

（4）选择"选择"|"修改"|"羽化"命令，弹出"羽化选区"对话框，在"羽化半径"文本框中输入"1.2"，并单击"确定"按钮，如图9-45所示。

图9-44 反选图像

图9-45 "羽化选区"对话框

（5）选择"文件"|"新建"命令，将"背景内容"设置为"透明"，如图9-46所示。

（6）单击"确定"按钮，新建透明文档。选择"编辑"|"粘贴"命令，将复制的图像粘贴到背景图像上，如图9-47所示。

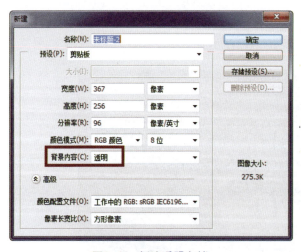

图9-46 新建透明文档

图9-47 粘贴图像

9.4.2 快速更换图片的背景

在Photoshop的工具栏中有一个"多边形套索工具"，使用它可以很容易地擦掉图片

第9章 处理好照片,装修有优势　173

的背景部分,留下需要的景物,这样只要简单的几步就能给图片更换一个崭新的背景了。具体操作步骤如下。

(1)启动 Photoshop,打开图像文件,选择工具箱中的"多边形套索工具",如图9-48所示。

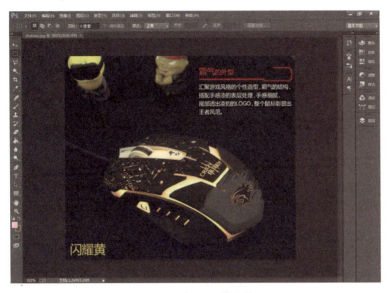

图9-48　打开图像文件

(2)在工作区中单击鼠标绘制选择区域,如图9-49所示。

图9-49　选择区域

(3)选择"选择"|"反向"命令,反选图像,如图9-50所示。

图9-50　反选图像

(4)在工具栏中单击"背景色"按钮,弹出"拾色器"对话框,设置相应的背景色,如图9-51所示。

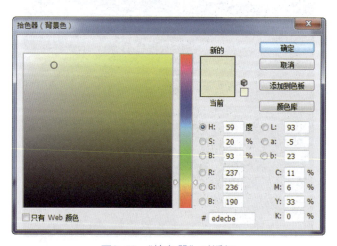

图9-51　"拾色器"对话框

(5)单击"确定"按钮,设置背景颜色,如图9-52所示。

(6)按"Ctrl+Delete"组合键即可填充新背景色,如图9-53所示。

图9-52 设置背景颜色　　　　　　　图9-53 填充背景

9.4.3 给宝贝图片加圆角

为什么要给宝贝图片加圆角呢?因为圆角比较柔和,不会像方角那样给人很大的张力压迫感,整个图片看起来会比较顺眼。如何给图片做出圆角?具体操作步骤如下。

(1)启动 Photoshop,打开图像文件,如图 9-54 所示。

(2)选择工具箱中的"钢笔工具",选择"窗口"|"选项"命令,如图 9-55 所示。

(3)在选项工具栏中选取"圆角矩形工具",将圆角的半径设置为 20 像素,如图 9-56 所示。

(4)按住鼠标左键在工作区中绘制矩形,如图 9-57 所示。

图9-54 打开图像文件

图9-55 选择"钢笔工具"并选择菜单命令

第9章 处理好照片,装修有优势 | 177

图9-56 选择圆角矩形工具并设置属性参数

图9-57 绘制矩形

（5）在矩形上面单击鼠标右键，在弹出的快捷菜单中选择"建立选区"命令，弹出"建立选区"对话框，在该对话框中将"羽化半径"设置为"0"像素，如图9-58所示。

（6）单击"确定"按钮关闭对话框。打开"图层"面板，在面板中选择"背景"图层，如图9-59所示。

图9-58　"建立选区"对话框

图9-59　选择背景

（7）选择"选择"|"反选"命令，选择命令后的效果如图9-60所示。

图9-60　反选图像

第9章 处理好照片，装修有优势

（8）选择"编辑"|"清除"命令，在"图层"面板上把刚刚建立的选区图层前面的"眼睛"图标取消选中，这样就会看到做好的圆角图片了，如图9-61所示。

图9-61 效果图

9.4.4 制作闪闪发亮的商品图片

有的图片经过了特殊处理会闪闪发亮，显得非常气派，这是制作的GIF动画。下面使用Photoshop 制作闪闪发亮的商品图片，具体操作步骤如下。

（1）启动 Photoshop，打开图像文件，如图 9-62 所示。

图9-62 打开图像文件

(2)在"图层"面板中双击"背景"图层,弹出"新建图层"对话框,如图9-63所示。

图9-63 "新建图层"对话框

(3)单击"确定"按钮将其转换为普通图层。在工具箱中选择"画笔工具",如图9-64所示。

图9-64 选择"画笔工具"

(4)选择画笔以后,单击左上角"画笔预设"下拉按钮,弹出一个列表,在该列表中"大小"设置"21像素",如图9-65所示。

第9章 处理好照片，装修有优势　181

（5）调整画笔大小，然后就可以在图像中绘制形状了，如图9-66所示。

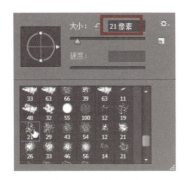

图9-65　设置画笔

图9-66　绘制形状

（6）每次在图片上用画笔，都要新建一个图层，方便做动态的效果，如图9-67所示。

图9-67　绘制形状

(7)选择"窗口"|"时间轴"命令,打开"时间轴"面板,如图9-68所示。

图9-68 打开"动画"面板

(8)在时间轴面板上可以看到所有帧,如图9-69所示。

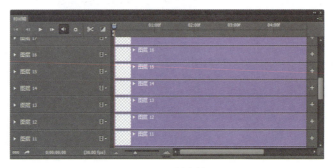

图9-69 所有帧

(9)单击选择第一帧,从星星的第1个图层开始,单击图层1前面的图标让其显示为"眼睛"状态,让图层1可见,其他图层都设置为隐藏,如图9-70所示。

图9-70 设置图层

(10)单击第二帧,让图层 2 和背景可见,其他图层隐藏。照此方法,将所有帧都设置好。接下来调整每帧的显示时间,单击图标,在弹出的面板中设置持续时间为 1 秒,如图 9-71 所示。

图9-71　设置帧时间

(11)用同样的方法设置其余帧的时间,如图 9-72 所示。

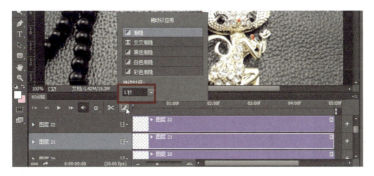

图9-72　设置帧时间

(12)选择"文件"|"存储为 Web 所用格式"命令,弹出"存储为 Web 所用格式"对话框,将其存储为 GIF 格式的图像,如图 9-73 所示。

(13)单击"存储"按钮,弹出"将优化结果存储为"对话框,选择文件存储的位置,如图 9-74 所示。

图9-73 "存储为Web所用格式"对话框

(14) 单击"保存"按钮，即可保存文档，如图 9-75 所示。

图9-74 "将优化结果存储为"对话框

图9-75 保存文档

9.5 一次性处理大量产品图片

在面对大量图片时,调整图像大小或者曲线什么的再保存起来,要花费很多时间和精力。下面就来详细讲述一下如何进行批处理,具体操作步骤如下。

(1)启动 Photoshop,打开相应的图片文件,如图 9-76 所示。

(2)选择"窗口"|"动作"命令,打开"动作"面板,如图 9-77 所示。

图9-76 打开图像文件

图9-77 打开"动作"面板

(3)单击右下角的"创建新动作"按钮,弹出"新建动作"对话框,如图 9-78 所示。

(4)单击"记录"按钮,即可新建一个动作,如图 9-79 所示。

图9-78 "新建动作"对话框

图9-79 新建"动作2"

(5)选择"图像"|"调整"|"变化"命令,弹出"变化"对话框,选择相应的样式,如图9-80所示。

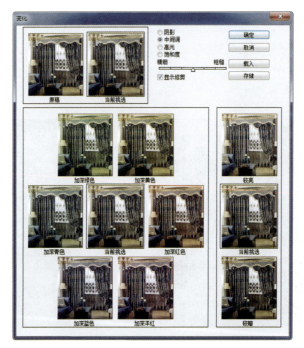

图9-80 "变化"对话框

(6)单击"确定"按钮,如图9-81所示。然后单击"动作"面板左下角的"停止播放/记录"按钮,停止记录。

(7)选择"文件"|"自动"|"批处理"命令,弹出"批处理"对话框,单击"源"下面的"选择"按钮,在打开的"浏览"文件夹对话框中选择图像所在的位置,如图9-82所示。

图9-81 调整图像亮度

图9-82 "批处理"对话框

(8)单击"确定"按钮,即可对文件中所有的图像亮度进行调整,如图9-83所示。

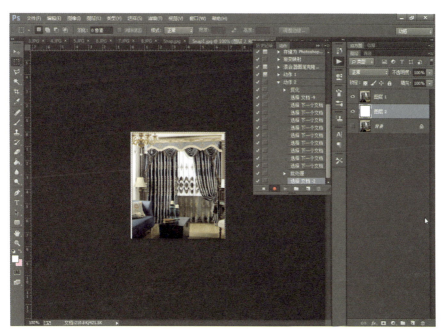

图9-83 批处理

10

第10章
普通店铺装修篇

本章指导

网店商品固然非常重要,但是也绝对不能忽视店铺的装修。正所谓三分长相七分打扮,网店的美化如同实体店的装修一样,能让买家从视觉上和心理上感觉到店主对店铺的用心,并且能够最大限度地提升店铺的形象,有利于网店品牌的形成,提高销售量。

10.1 添加数据分析工具生意参谋

生意参谋是阿里巴巴中国站打造的一个既实用又好用的模块，可以直接地反映出店铺产品的整体情况，可以优化标题，诊断信息，查看流量、访客、排名等。运用好生意参谋对阿里巴巴的生意可以说是质的提升。

为店铺添加生意参谋的具体操作步骤如下。

（1）登录"我的淘宝"，单击"卖家中心—店铺管理—店铺装修"，如图10-1所示。

（2）进入"店铺装修"页面，找到左侧的"基础模块"下的"生意参谋"，如图10-2所示的页面。

图10-1　单击"店铺装修"

图10-2　"生意参谋"

(3)拖动"生意参谋"至合适的位置,如图10-3所示。

图10-3 拖动"生意参谋"到适当位置

(4)添加"生意参谋"成功后如图10-4所示。

图10-4 添加成功后

10.2 宝贝分类设计与设置

给宝贝进行分类，是为了方便买家查找。好的店铺分类，将会大大方便买家进行针对性浏览和查询，从而提高成交量。

10.2.1 宝贝分类制作的注意事项

在默认的情况下，淘宝网基本店只以文字形式显示分类，但卖家可以花一点心思，制作出很漂亮的宝贝分类图，然后添加到店铺的分类设置上，即可产生出色的店铺分类效果。在制作宝贝分类和进行相关设置前需要了解并注意一些事项。

（1）如果店铺已经有了整体的装修风格，那么宝贝分类的设计就需要从整体的装修风格出发，让分类的设计符合店铺的装修要求。

（2）宝贝分类的图片宽度不能大于150像素，图片的高度不限。如果图片宽度大于150像素，显示器分辨率小于等于1024×768像素时，就会造成店铺首页宝贝分类栏右边的宝贝列表下沉，看起来不美观；在显示器分辨率大于1024×768像素时是不会出现这种情况的。

（3）卖家可以根据宝贝分类再添加子分类，让宝贝分类更合理，更方便买家浏览。

（4）在已有宝贝的分类下，不能创建子分类，建议新建分类及子分类，再将宝贝转移到子分类。

10.2.2 制作宝贝分类图片

了解了宝贝分类制作的相关事项后，下面将使用Photoshop软件来制作宝贝分类图片，具体操作步骤如下。

（1）启动Photoshop，选择"文件"|"新建"命令，弹出"新建"对话框，设置宽度和高度，如图10-5所示。

（2）单击"确定"按钮，新建空白文档。选择工具箱中的"圆角矩形工具"，在选项栏中将

图10-5 设置宽度和高度

"半径"设置为20px,颜色设置为"9E0100",如图10-6所示。

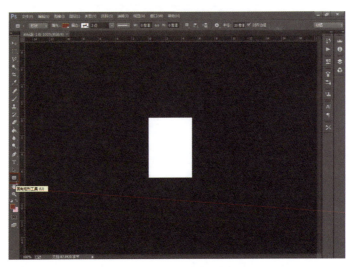

图10-6 设置"圆角矩形工具"

(3)使用"圆角矩形工具"在工作区中绘制圆角矩形,如图10-7所示。

(4)选择"图层"|"图层样式"|"描边"命令,弹出"图层样式"对话框,在该对话框中设置描边颜色,如图10-8所示。

图10-7 绘制圆角矩形

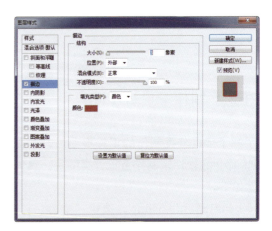

图10-8 "图层样式"对话框

(5)单击"确定"按钮,设置图层样式,如图10-9所示。

(6)选择工具箱中的"自定义形状工具",在舞台中绘制形状,如图10-10所示。

图10-9 设置图层样式　　　　　图10-10 绘制形状

（7）选择工具箱中的"横排文字工具"，在工作区中输入文本"热销商品区"，如图10-11所示。

（8）用同样的方法制作其余的导航按钮，如图10-12所示。

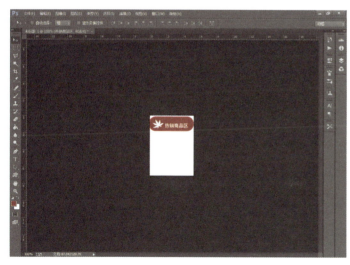

图10-11 输入文本　　　　　图10-12 制作导航

10.2.3 上传图片并设置宝贝的分类

制作完宝贝分类图片后,可以登录淘宝网店铺,根据商品的分类将分类图指定到各个分类项目上,具体操作步骤如下。

(1)登录淘宝,进入到"卖家中心",单击左侧的"店铺管理"下的"宝贝分类管理"超链接,如图10-13所示。

图10-13 单击"宝贝分类管理"超链接

(2)进入宝贝分类管理界面,在宝贝分类管理页面中可以修改宝贝分类。如果没有建立宝贝分类,可以单击"添加手工分类"或"添加自动分类"按钮,添加一个分类,非常简单明了。设置好文字分类后,单击该分类标题右边的"添加图片"按钮,如图10-14所示。

图10-14 添加宝贝分类

(3)弹出窗口,单击"插入图片空间图片"单选按钮,如图10-15所示。

(4)在打开的页面中单击"上传新图片",单击"添加图片"按钮,如图10-16所示。

图10-15 添加图片页面

(5)弹出选择上传文件的窗口,选择要上传的图片文件后,单击"打开"按钮,如图10-17所示。

(6)单击"完成"按钮,即可看到上传以后的分类图片,如图10-18所示。

图10-16 选择本地图片

图10-17 选择图片文件

图10-18 上传以后的分类图片

（7）依次添加其他的图片分类，包括二级栏目都可以添加。添加完图片分类后，图标会变为彩色提示。最后一定要记得单击"保存"按钮进行保存。

10.3 公告区域的制作

公告栏是发布店铺最新信息、促销信息或店铺经营范围等内容的区域。通过公告栏发布内容，可以方便顾客了解店铺的重要信息。

10.3.1 制作公告区时的注意事项

卖家在淘宝网开店后,淘宝网已经为店铺提供了公告栏的功能,卖家可以在"管理我的店铺"页面中设置公告的内容。卖家在制作公告栏前,需要了解并注意一些事项,以便制作出效果更好的公告栏。

(1)淘宝基本店铺的公告栏具有默认样式,如图10-19所示。卖家只能在默认样式的公告栏上添加公告内容。

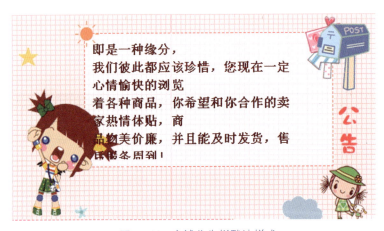

图10-19　店铺公告栏默认样式

(2)由于店铺已经存在默认的公告栏样式,而且这个样式无法更改,因此卖家在制作公告栏时,可以将默认的公告栏效果作为参考,使公告的内容效果与之搭配。

(3)淘宝基本店铺的公告栏默认设置了滚动的效果,在制作时无须再为公告内容添加滚动设置。

(4)公告栏内容的宽度不要超过480像素,否则超过部分将无法显示,而公告栏的高度可随意设置。

(5)如果公告栏的内容为图片,那么需要指定图片在互联网的位置。

10.3.2 制作精美的图片公告

要以图片作为公告栏的内容,就需要将图片上传到互联网。将图片上传到互联网以后,会产生一个对应的地址,卖家可以利用该地址将图片指定为公告栏内容,即可将图片插入到公告栏内。下面使用Photoshop设计精美的图片公告,具体操作步骤如下。

（1）启动Photoshop CC，执行"文件"|"打开"命令，打开图片文件，如图10-20所示。

（2）执行"图像"|"图像大小"命令，如图10-21所示。

图10-20　打开图片文件

图10-21　选择"图像大小"命令

（3）弹出"图像大小"对话框，将"宽度"设置为950，如图10-22所示。

图10-22　"图像大小"对话框

（4）单击"确定"按钮，调整图像宽度。选择工具箱中的"裁剪"工具，裁剪图像高度，如图10-23所示。

（5）选择工具箱中的"横排文字"工具，在选项栏中设置字体大小为36，颜色为红色，输入文字"店铺公告"，如图10-24所示。

（6）执行"图层"|"图层样式"|"描边"命令，弹出"图层样式"对话框，如图10-25所示。

图10-23 裁剪图像高度

图10-24 输入文字

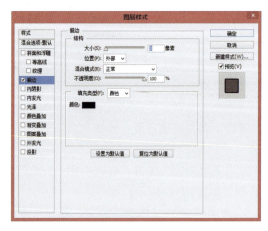

图10-25 "图层样式"对话框

（7）单击"颜色"按钮，弹出"拾色器"对话框，将描边颜色设置为黄色，如图10-26所示。

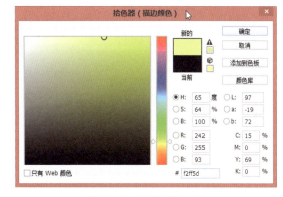

图10-26　设置描边颜色

（8）单击"确定"按钮，设置图层样式，如图10-27所示。

图10-27　设置图层样式

（9）选择工具箱中的"横排文字"工具，在工作区中输入店铺公告文本，如图10-28所示。

图10-28　输入店铺公告文本

10.3.3 在店铺中应用图片公告

在店铺中应用图片公告应首先把制作好的店铺公告传到图片空间里,然后复制图片链接地址,具体操作步骤如下。

(1)在"卖家中心"页面中单击"店铺管理"下的"店铺装修"超链接,如图10-29所示。

图10-29 卖家中心

(2)在打开的页面左侧拖动"店铺公告"按钮,如图10-30所示。

图10-30 拖动"店铺公告"按钮

(3)将"店铺公告"按钮拖动至右侧合适的位置,如图10-31所示。

图10-31 添加模块

（4）这时添加了"店铺公告"模块，单击"店铺公告"右上侧的"编辑"按钮，如图10-32所示。

图10-32 单击"编辑"按钮

（5）弹出"店铺公告"编辑窗口，单击"插入图片空间图片"按钮，如图10-33所示。
（6）在打开的页面中单击"上传新图片"，如图10-34所示。
（7）单击底部的"添加图片"按钮，如图10-35所示。

图10-33 "店铺公告"编辑窗口

图10-34 单击"上传新图片"按钮

图10-35 单击"添加图片"

第10章 普通店铺装修篇　203

（8）弹出"打开"对话框，选择想要上传的图片，单击"打开"按钮，如图10-36所示。

图10-36　单击"打开"按钮

（9）上传完毕后，单击"插入"按钮，即可插入公告，如图10-37所示。

图10-37　单击"插入"按钮

10.4　店标的设计与发布

　　店标是店铺最重要的标志之一，一个好的店标可以给买家留下深刻的印象，让买家更容易记得店铺。下面将讲述怎样设计好一个出色的店标，让更多的买家光临。

10.4.1 什么是网店的店标

店标的制作是艺术创作活动，需要的是捕捉艺术创作的灵感。灵感来自于哪里呢？艺术家的创作灵感来自于对现实生活的细致观察，来自于对现实生活材料的抽象提炼。

许多人抱怨自己没有艺术细胞，其实只是自己没有仔细地观察罢了。要制作店标离开对生活素材的积累是不行的。因此倘若网店主想制作出优秀的店标，必须做好积累生活素材的准备。

静态店标的制作既简单也复杂。简单在于没有技术含量，只要会电脑操作就能胜任；复杂在于这是一项高度艺术化的创造活动，没有艺术素养的人无法制作出原创性质的店标。

但是对于大多数能够使用电脑的人来说，将一张静态图片修改为自己网店的店标并非很困难的事情。一般来说一个静态店标由文字、图像构成，静态店标有纯文字店标、纯图像店标、文字图像混合店标。

店主可以使用名牌产品的标志作为自己的店标，这样店主只要把产品标志扫描下来即可，例如经营耐克、阿迪达斯等名牌运动鞋的店主一般采用该名牌鞋子的产品标志作为店标。采用这类方法制作店标来得简单、快捷。店主也可以自己先用铅笔在稿纸上设计好店标草图，再用扫描仪扫描下来，最后使用Photoshop来处理。

在做店标的时候，新手最好使用宝贝模板的店标，刚开始学习装修时可以优先选择免费的练练手。店标的选择一定要与店铺所经营的产品相协调，如果卖的是时尚用品，如包包、衣服之类的，那店标上最好体现出时尚，如果选一个典雅型的就显得很不匹配。在对店铺装修管理熟悉以后，也可以找专业人士设计店标，或者高手可以自己设计。

10.4.2 店标设计的原则

店标是传达信息的一个重要手段，店标设计不仅仅是一般的图案设计，最重要的是要体现店铺的精神、商品的特征，甚至店主的经营理念等。一个好的店标设计，除了给人传达明确信息外，还在方寸之间表现出深刻的精神内涵和艺术感染力，给人以静谧、柔和、饱满、和谐的感觉。

要做到这一点，在设计店标时需要遵循一定的设计原则和要求。

1. 富有个性，新颖独特

店标并非一个图案那么简单，它代表一个品牌，也代表一种艺术。所以店标的制作可以说是一种艺术创作，需要设计者从生活中、从店铺规划中捕捉创作的灵感。

店标是用来表达店铺独特性质的，要让买家认清店铺的独特品质、风格和情感，因此，店标在设计上除了要讲究艺术性外，还需要讲究个性化，让店标与众不同、别出心裁。

设计个性独特店标的根本性原则就是要设计出可视性高的视觉形象，要善于使用夸张、重复、节奏、抽象和寓意的手法，使设计出来的店标达到易于识别、便于记忆的功效。店主在设计店标前，需要做好材料搜集和材料提炼的准备。如图10-38所示是新颖、个性的店标设计作品。

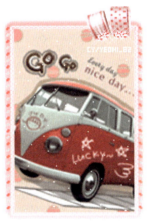

图10-38　具有个性的店标

2．简练明确、信息表达

店标是一种直接表达的视觉语言，要求产生瞬间效应，因此店标设计要求简练、明确、醒目。图案切忌复杂，也不宜过于含蓄，要做到近看精致巧妙，远看清晰醒目，从各个角度、各个方向上看都有较好的识别性。

另外，店标不仅仅起到吸引目光的作用，还表达了一定的含义，传达了明确的信息，给买家留下美好的、独特的印象。

3．符合美学原理

店标设计要符合人们的审美观点，买家在观察一个店标的同时，也是一种审美的过程。在审美过程中，买家把视觉所感受的图形，用社会所公认的相对客观的标准进行评价、分析和比较，引起美感冲动。这种美的冲动会传入大脑而留下记忆。因此，店标设计就要形象并具有简练清晰的视觉效果和强大的视觉冲击力。

店标的造型要素有点、线、面、体4类，设计者要借助这4种要素，通过掌握不同造型形式的相关规则，使所构成的图案具有独立于各种具体事物结构的美。

10.4.3 店标制作的基本方法

店标的设计复杂在于这是一项高度艺术化的创造活动，没有艺术素养和良好设计技术的人无法制作出原创个性化并具有高价值的店标。对于淘宝店标按照其状态可以分为动态店标和静态店标。

1. 制作静态店标

一般来说，静态店标由文字、图像构成。其中有些店标用纯文字表示，有些店标用图像表示，也有一些店铺的设计既包含文字也包含图像。

如果自己有商品标志的卖家，可以将商标用数码相机拍下，然后用Photoshop软件处理，或通过扫描仪将商标扫描下来，再通过图像处理软件来编辑。

对于有绘图基础的卖家，可以利用自己的绘图技能，先在稿纸上画好草图，然后用数码相机或使用扫描仪扫描的方法将图像输入计算机，再使用图像处理软件进行绘制和填充颜色。

2. 制作动态店标

对于网店而言，动态店标就是将多个图像和文字效果构成GIF动画。制作这种动态店标，可以使用GIF制作工具完成，如easy GIF Animator、Ulead GIF Animator等软件都可以制作GIF动态图像。

设计前准备好背景图片及商品图片，然后考虑要添加什么文字，例如店铺名称或主打商品等，接着使用软件制作即可。如图10-39所示为使用Photoshop制作GIF格式的店标。

图10-39 使用Photoshop制作GIF格式的店标

10.4.4 设计店铺标志

下面使用Photoshop制作一个静态的网店店标,具体操作步骤如下。

(1)启动Photoshop,新建一空白文档,选择工具箱中的"渐变工具"按钮,在选项栏中单击"点按可编辑渐变"按钮,弹出"渐变编辑器"对话框,如图10-40所示。

(2)在该对话框中设置渐变颜色,单击"确定"按钮,在工作区中填充背景,如图10-41所示。

图10-40 "渐变编辑器"对话框

图10-41 填充背景

(3)选择工具箱中的"自定义形状工具",在选项栏中选择相应的形状,在工作区中绘制形状,如图10-42所示。

(4)打开"图层"面板,将"不透明度"设置为25%,如图10-43所示。

图10-42 绘制形状

图10-43 设置不透明度

（5）同步骤3~4绘制更多的形状，如图10-44所示。

（6）选择工具箱中的"横排文字工具"，在舞台中输入文字"非凡数码"，如图10-45所示。

图10-44 绘制形状

图10-45 输入文字

（7）选择"图层"|"图层样式"|"渐变叠加"命令，弹出"图层样式"对话框，在渐变叠加选项中设置渐变颜色，如图10-46所示。

（8）单击"确定"按钮，设置图层样式，如图10-47所示。

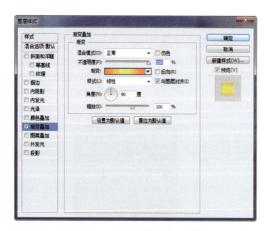

图10-46 "图层样式"对话框

图10-47 设置图层样式

（9）置入两张图片，并将其拖动到相应的位置，如图10-48所示。

（10）选择"文件"|"存储为Web所用格式"命令，弹出"存储为Web所用格式"对话框，将文件格式选择为GIF格式，如图10-49所示。

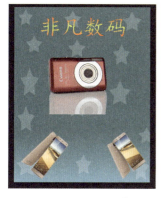

图10-48 置入图像

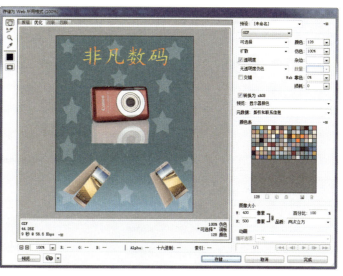

图10-49 "存储为Web所用格式"对话框

（11）单击"存储"按钮，即可保存文件，预览效果如图10-50所示。

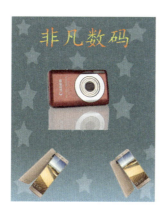

图10-50 预览效果

10.4.5 将店标发布到店铺上

设计好店标后，就可以通过淘宝网上的店铺管理工具将店标图片发布到店铺上。下面详细讲解将店标发布到店铺上的操作方法。

（1）登录淘宝后台管理页面，单击"设置店标"按钮，如图10-51所示。

图10-51 卖家中心

（2）打开"店铺基本设置"页面，单击"上传图标"按钮，如图10-52所示。

图10-52 "店铺基本设置"页面

（3）在该对话框中选择制作好的店标文件，单击"打开"按钮，即可成功上传店标文件，如图10-53所示。

第10章 普通店铺装修篇 211

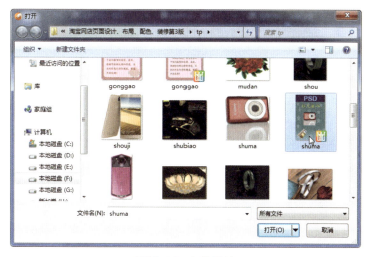

图10-53 上传图片

（4）在"基础信息"界面单击"保存"按钮，即可完成操作，如图10-54所示。

图10-54 上传店标

第11章
淘宝旺铺装修篇

 本章指导

在淘宝网开发的早期,淘宝提供的店铺只有几种简单的模板样式,使用起来很单调。为了满足卖家对店铺装修的要求,淘宝网推出了淘宝旺铺服务,让卖家的店铺可以具有更强大的设置功能,同时可以定制完全属于自己的个性装修风格。

11.1 制作个性店招

要装修自己的旺铺，首先要做一个个性化的招牌，有一个醒目的招牌，那么店铺的装修就成功了一半。店铺招牌是店铺十分重要的宣传工具，也是店铺的一个广告牌，设计时识别性要强。

11.1.1 店招制作的注意事项

旺铺中每个页面都可以独立设置店招。店招可以通过旺铺的照片设置区域功能来设置。制作和应用旺铺店招需要注意的事项有以下几点。

（1）目前，淘宝网只支持GIF、JPG、PNG格式的店招图片。
（2）店招图片的推荐尺寸为950×150像素，大于这个尺寸的部分将会被裁切掉。
（3）上传店招图片，可以选择将此图片只应用到当前页面，或应用到整个店铺的页面中。
（4）上传图片的大小不能超过100KB。

11.1.2 服装店招设计实例

店招是一个店铺的象征，一个好的店招能起到传达店铺的经营理念、突出店铺的经营风格、彰显店铺形象的作用。做好了店招，将其存储在自己的电脑上，然后上传到店铺的店招位置上就可以了。下面使用Photoshop制作店招，具体操作步骤如下。

（1）启动Photoshop，选择"文件"|"打开"命令，打开背景图像，如图11-1所示。

图11-1 打开背景图像

（2）打开另一幅图片文件，选择工具箱中的"椭圆选框工具"，选择需要的部分，如果11-2所示。

图11-2 选择图像

（3）选择"选择"|"修改"|"羽化"命令，弹出"羽化选区"对话框，将"羽化半径"设置为20像素，如图11-3所示。

（4）单击"确定"按钮，羽化图像，按Ctrl+C组合键复制图像，返回到原始图像，按Ctrl+V组合键，粘贴图像，如图11-4所示。

图11-3 羽化选区

图11-4 粘贴图像

（5）继续粘贴其余的图像，并将其拖动到相应的位置，如图11-5所示。

图11-5 粘贴图像

（6）选择工具箱中的"横排文字工具"，在图片中输入需要的文本，如图11-6所示。

图11-6 输入文本

(7)单击选项栏中的"创建文字变形"图标,弹出"变形文字"对话框,"样式"设置为"波浪",并设置相应的参数,如图11-7所示。

(8)单击"确定"按钮,创建变形文字,如图11-8所示。

图11-7 "变形文字"对话框

图11-8 创建变形文字

(9)选择"图层"|"图层样式"|"投影"命令,弹出"图层样式"对话框,在对话框中设置相应的参数,如图11-9所示。

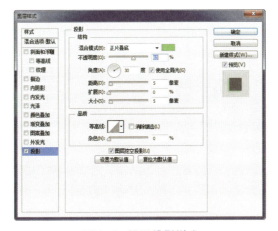

图11-9 设置投影样式

(10)单击"确定"按钮,设置投影图层样式,如图11-10所示。

图11-10 设置投影图层样式

(11)选择工具箱中的"横排文字工具",在图片中输入相应的文本,如图11-11所示。

图11-11 输入文本

（11）选择文字"8.5折"，在选项栏中将字号大小设置为"18"，并将字体颜色设置为"e40de1"，如图11-12所示。

图11-12 设置文本大小、颜色

11.1.3 将店招应用到店铺中

设计好店招后，即可通过管理店铺的方法，将店招图片上传到淘宝网，并显示在自己的店铺上。下面详细介绍将店招应用到店铺中的方法。

（1）登录我的淘宝，在"店铺管理"下单击"店铺装修"超链接，如图11-13所示。

（2）进入店铺装修页面，拖动左下角的"店铺招牌"，如图11-14所示。

图11-13 单击"店铺装修"超链接

图11-14 店铺装修页面

（3）将"店铺招牌"拖动至页面中，单击"编辑"按钮，弹出"店铺招牌"对话框，如图11-15所示。

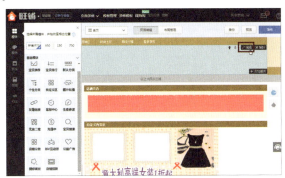

图11-15 "店铺招牌"页面

（4）单击"选择文件"按钮，可选择需要上传的图片，如图11-16所示。

图11-16 单击"选择文件"按钮

（5）单击"添加图片"按钮，如图11-17所示。

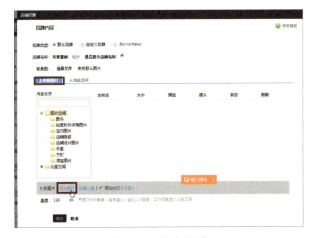

图11-17 添加图片

(6)弹出"打开"对话框,选择想要上传的文件,单击"打开"按钮,如图11-18所示。

图11-18 打开需要的文件

(7)单击"保存"按钮,即可上传成功,如图11-19所示。

图11-19 插入店招

(8)单击右上角的"发布"按钮,如图11-20所示。

图11-20 发布

（10）在店铺页面可预览店招效果，如图11-21所示。

图11-21　预览店招效果

11.2　巧妙制作宝贝促销区

宝贝促销区是旺铺非常重要的特色之一，它的作用是让卖家将一些促销信息或公告信息发布在这个区域上。就像商场的促销一样，如果处理得好，可以最大限度地吸引买家的目光，让买家一目了然地知道您的店铺在搞什么活动，有哪些特别推荐或优惠促销的商品。

11.2.1　制作宝贝促销区的注意事项

旺铺的宝贝促销区包括了基本店铺的公告栏功能，但比公告栏功能更强大、更实用。卖家可以通过促销区，装点漂亮的促销宝贝，吸引买家注意。初次使用旺铺的卖家，在制作宝贝促销区时需要注意下面几点。

（1）宝贝促销区支持HTML编辑，卖家可以通过编写和修改HTML代码制作宝贝促销区。

（2）宝贝促销区限制该区域字数为20000字符。

（3）宝贝促销区建议不要过高，同时宽度不要超过738像素，以获得最佳的浏览效果。

11.2.2 宝贝促销区的制作方法

目前，制作宝贝促销区的方法基本上有三种。

第一种方法是通过互联网找一些免费的宝贝促销模块，然后下载到本地并进行修改，或者直接在线修改，在模板上添加自己店铺的促销宝贝信息和公告信息，最后将修改后的模板代码应用到店铺的促销区即可。这种方法方便、快捷，而且不用支付费用；缺点是在设计上有所限制，个性化不足。如图11-22所示为网站提供的一些免费宝贝促销区模板。

图11-22　免费宝贝促销区模板

第二种方法是自行设计宝贝促销网页。卖家可以先使用图像制作软件设计好宝贝促销版面，然后进行切片处理并将其保存为网页，接着通过网页制作软件（如Dreamweaver、FrontPage）制作编排和添加网页特效。最后将网页的代码应用到店铺的宝贝促销区上即可。这种方法由于是自行设计，所以在设计上可以随心所欲，可以按照自己的意向设计出独一无二的宝贝促销效果；缺点是对卖家的设计能力要求比较高，需要卖家掌握一定的图像设计和网页制作技能。自行设计促销区如图11-23所示。

图 11-23　自行设计促销区

第三种方法是最省力的，就是卖家从提供淘宝店铺装修服务的店铺购买整店装修服务，或者只购买宝贝促销区设计服务。目前淘宝网上有很多专门提供店铺装修服务和出售店铺装修模板的店铺，卖家可以购买这些装修服务，如图11-24所示。

图11-24　购买促销模板

就宝贝促销区设计而言，购买一个精美模板的价格大约在几十元左右。如果卖家不想使用现成的模板，还可以让这些店铺为你设计一个专属的宝贝促销模板，不过价格比购买现成模板的价格稍贵。这种方法最省心，而且可以定制专属的宝贝促销模板；缺点就是需要花费一定的金钱。

11.2.3　促销海报排版

在优秀的海报作品中，排版是非常重要的。海报常见的排版方式有对齐、对比、分组等，下面就介绍这些排版方法。

1. 对齐

根据人的浏览习惯一般都是从左往右看，左对齐是最常见也是最基础的排列方式。左对齐的排版会有一道看不见的线，这条线平行于海报的边界线，与海报的边相呼应，将所有的文案自然而然地串联到一起。左对齐给人以稳重、力量、统一、工整的感觉。海报底部的四排文字采用左对齐排版，如图11-25所示。

如图11-26所示居中对齐排版会给人正式、大气、高端、有品质的感

图11-25　左对齐排版

觉。在电商海报中经常会见到文案直接打在产品上面，文案的遮挡会和后面的产品营造出一前一后的层次感，加上一些光效会让整张画面空间感提升许多。

2. 对比

使用对比的排版技巧可以最有效地增加画面的视觉效果。对比方法很多，如虚实对比、冷暖对比、颜色对比、字体大小对比、粗细对比等。

如图11-27所示海报中的主标题加大加粗，与其他文字形成大小和粗细对比，同时还采用了不同的颜色对比。使得页面更吸引人，而且文案的组织结构一目了然，更便于浏览者阅读。

图11-26　居中对齐排版

图11-27　对比

3. 分组

当文案过多的时候就考虑将文案分组，将相同信息的文案摆放到一起，这样不仅使整个页面富有条理性，也会使其看上去非常美观，让版面无论在视觉感官还是阅读层次上来看都很有条理性，如图11-28所示。

图11-28　分组排版

11.2.4　宝贝促销区设计实例

下面使用Photoshop设计宝贝促销区，建议在使用软件设计前，先用笔在纸上画一下，把布局都详细地列出来，每个图片的大小也都计算好，做到心中有数、有的放矢。下面使用Photoshop设计宝贝促销区，具体操作步骤如下。

（1）启动Photoshop，执行"文件"|"新建"命令，弹出"新建"对话框，将"宽度"设置为950，"高度"设置为400，如图11-29所示。

（2）单击"确定"按钮，新建空白文档。将背景颜色设置为黄色，选择工具箱中的"魔棒"工具，在工作区中单击全选舞台，按Ctrl+Delete组合键填充背景色，如图11-30所示。

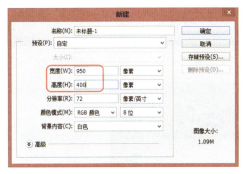

图11-29 "新建"对话框

图11-30 填充背景色

（3）选择工具箱中的"渐变工具"，在选项栏中单击"点按可编辑渐变"按钮，如图11-31所示。

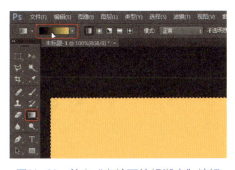

图11-31 单击"点按可编辑渐变"按钮

（4）打开"渐变编辑器"对话框，设置渐变颜色，如图11-32所示。

（5）单击"确定"按钮，设置渐变颜色，在图片中左右水平各拉一次，设置渐变颜色，如图11-33所示。

（6）选择工具箱中的"椭圆"工具，在图片中按住鼠标左键绘制椭圆，如图11-34所示。

图11-32 设置渐变颜色

图11-33 设置渐变颜色

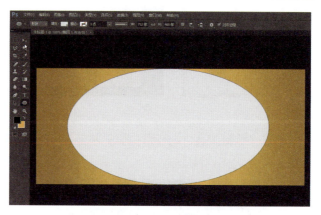

图11-34 绘制椭圆

（7）执行"图层"|"图层样式"|"投影"命令，弹出"图层样式"对话框，将"大小"设置为25像素，如图11-35所示。

（8）单击"确定"按钮，设置图层样式，如图11-36所示。

（9）同步骤6绘制绿色椭圆，并设置图层样式，如图11-37所示。

（10）选择工具箱中的"椭圆"工具，在图片中绘制红色椭圆，如图11-38所示。

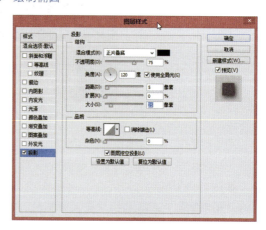

图11-35 "图层样式"对话框

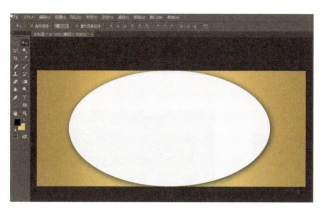

图11-36 设置图层样式

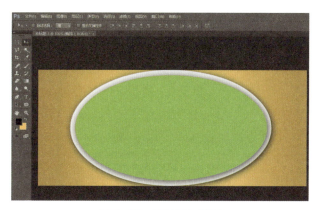

图11-37 绘制绿色椭圆

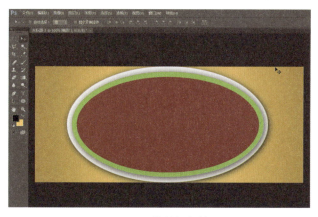

图11-38 绘制红色椭圆

(11)单击选项栏中的"填充"按钮,单击渐变按钮,在弹出的渐变列表框中设置渐变颜色,选择给椭圆设置渐变颜色,如图11-39所示。

(12)选择工具箱中的"横排文本"工具,在图片中输入文字"新店酬宾",设置字号大小为60,如图11-40所示。

图11-39 设置渐变颜色

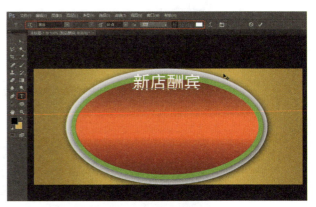
图11-40 输入文本

(13)执行"图层"|"图层样式"|"投影"命令,弹出"图层样式"对话框,设置其参数,如图11-41所示。

(14)单击勾选"渐变叠加"选项,设置渐变颜色,如图11-42所示。

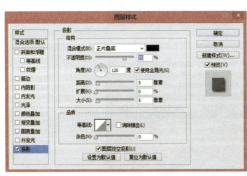
图11-41 添加促销图片

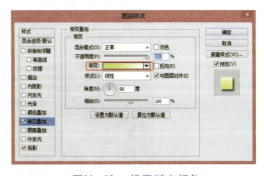
图11-42 设置渐变颜色

(15)单击"确定"按钮,设置文本投影和渐变颜色效果,如图11-43所示。

(16)选择工具箱中的"横排文字"工具,在图片中输入促销广告文字,如图11-44所示。

(17)执行"文件"|"置入"命令,弹出"置入"对话框,选择要置入的图像文件,如图11-45所示。

第11章 淘宝旺铺装修篇 227

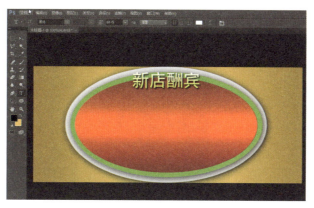

图11-43 设置图层样式效果

图11-44 添加促销广告文字

图11-45 选择要置入的图像文件

（18）单击"置入"按钮，置入图像文件，如图11-46所示。

图11-46　置入图像文件

（19）执行"图层"|"图层样式"|"外发光"命令，弹出"图层样式"对话框，设置外发光"大小"为30，并单击"确定"按钮，如图11-47所示。

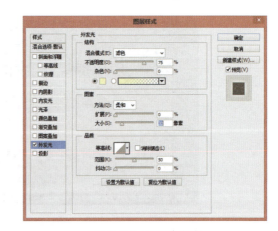

图11-47　设置外发光

（20）设置图层样式外发光的效果如图11-48所示。

图11-48　设置图层样式效果

(21)置入其余的商品图片,并设置图层外发光效果,如图11-49所示。

图11-49 设置图层样式效果

11.3 制作宝贝描述模板

要想成功推销自己的商品,需要在商品描述上下工夫,以吸引买家进行交易。宝贝描述模板通常是指包含宝贝描述在内的宝贝介绍页面。可以将这样一个页面设计成一个模板,其他宝贝都可以使用这个模板进行宝贝展示。

11.3.1 宝贝描述模板的设计要求

漂亮美观的宝贝描述页面,不仅仅为宝贝的介绍增色不少,并在一定程度上增加了买家的浏览时间,无形中会增加更多出售宝贝的机会。

目前淘宝网上有很多宝贝描述模板由懂设计的卖家来出售,我们可以很方便地得到一个美观的宝贝描述模板。如果刚开店的卖家资金不足,可以自己设计宝贝描述模板,在不花钱的同时,也可以随心所欲地设计出自己的宝贝描述页面。在制作宝贝描述模板和进行设计前,需要了解并注意一些事项。

(1)宝贝描述模板就是店铺的形象页面,其他设计例如公告栏、店标、签名等也会根据风格展开设计,所以宝贝描述模板的设计风格非常重要。

(2)宝贝描述页面是应用在网页上的,买家可以通过浏览器来浏览,所以宝贝描述的页面设计需要符合HTML语法的要求。

（3）为了让宝贝描述页面在浏览器中尽可能快地显示，建议不要在宝贝描述模板中使用过多的大图。

（4）在宝贝店铺管理页面上直接设计宝贝描述并不方便，建议先在本地设计好宝贝描述模板，并将相关的图片上传到相册，然后将模板的HTML代码粘贴到店铺描述的设置上。

（5）宝贝描述页面上的图片地址链接必须正确，否则图片在页面上将不能显示。

11.3.2 在Photoshop中设计宝贝描述模板

这里主要讲述使用Photoshop设计宝贝描述模板的过程，具体操作步骤如下。

（1）启动Photoshop，选择"文件"|"新建"命令，弹出"新建"对话框，将"宽度"设置为550像素，"高度"设置为650像素，"背景内容"设置为"背景色"，如图11-50所示。

（2）单击"确定"按钮，新建空白文档，如图11-51所示。

图11-50　"新建"对话框

图11-51　新建空白文档

（3）选择工具箱中的"矩形工具"，在工作区中绘制矩形，如图11-52所示。

（4）选择工具箱中的"椭圆工具"，在工作区中绘制小椭圆，如图11-53所示。

第11章 淘宝旺铺装修篇

图11-52 绘制矩形

图11-53 绘制小椭圆

（5）选择工具箱中的"椭圆工具"，绘制更多的小椭圆，如图11-54所示。

（6）选择工具箱中的"圆角矩形工具"，在舞台中绘制圆角矩形，如图11-55所示。

图11-54 绘制多个小椭圆

图11-55 绘制圆角矩形

（7）选择工具箱中的椭圆工具、圆角矩形工具和矩形工具，绘制两个圆角矩形，多个椭圆和一个矩形，如图11-56所示。

（8）选择工具箱中的自定义形状工具，在选项栏中选择相应的形状，在图片中绘制两个形状,如图11-57所示。

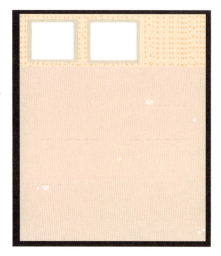

图11-56 绘制圆角矩形

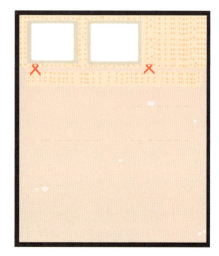

图11-57 绘制形状

(9)选择"文件"|"置入"命令,置入一幅图像,如图11-58所示。

(10)选择工具箱中的"横排文字工具",在图片中输入文本,如图11-59所示。

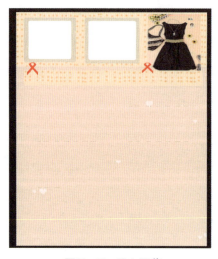

图11-58 置入图像

图11-59 输入文本

(11)单击选项栏中的"创建变形文字"按钮,弹出"变形文字"对话框,如图11-60所示。

(12)单击"确定"按钮,创建变形文字,如图11-61所示。

第11章 淘宝旺铺装修篇

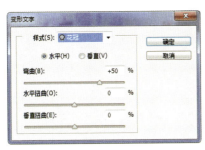

图11-60 "变形文字"对话框

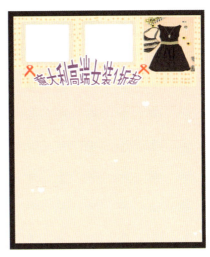

图11-61 创建变形文字

（13）选择"图层"|"图层样式"|"描边"命令，弹出"图层样式"对话框，将"大小"设置为3像素，如图11-62所示。

（14）单击"确定"按钮，设置描边效果，如图11-63所示。

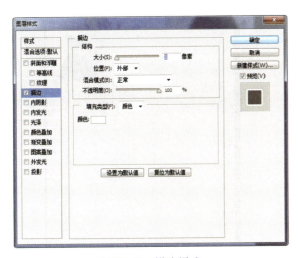

图11-62 描边样式

图11-63 设置描边效果

（15）选择工具箱中的"自定义形状工具"，在选项栏中选择相应的形状，在图片中绘制多个星形，如图11-64所示。

（16）选择工具箱中的"圆角矩形工具"，在图片中绘制两个圆角矩形，并设置图层投影和内影阴效果，如图11-65所示。

图11-64　绘制多个星形

图11-65　绘制圆角矩形

（17）选择工具箱中的"线条工具"，在图片中绘制多个线条，如图11-66所示。

（18）选择工具箱中的"自定义形状工具"，在选项栏中选择相应的形状，在图片中绘制形状并设置描边效果如图11-67所示。

图11-66　绘制多个线条

图11-67　绘制自定义形状

（19）选择工具箱中的"横排文字工具"，在图片中输入文本1、2、3，如图11-68所示。

（20）选择工具箱中的"横排文字工具"，在图片中输入相应导航文本，并设置描边效果,如图11-69所示。

图11-68 输入文本

图11-69 输入导航文本

11.3.3 将图片切割为适合网页应用的元素

将图片切割为适合网页应用的元素的具体操作步骤如下。

(1)启动Photoshop,打开相应的模板文件,选择工具箱中的"切片工具",如图11-70所示。

(2)按住鼠标左键在图片中绘制切片,如图11-71所示。

图11-70 打开文件

图11-71 绘制切片

(3) 然后制作其余的切片, 如图11-72所示。

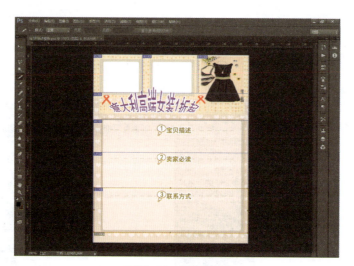

图11-72 制作切片

(4) 选择"文件"|"存储为Web所用格式"命令, 弹出"存储为Web所用格式"对话框, 格式设置为GIF, 如图11-73所示。

第11章 淘宝旺铺装修篇

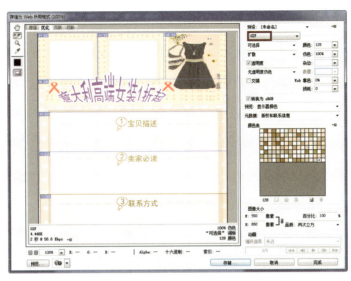

图11-73 "存储为Web所用格式"对话框

（5）单击"存储"按钮，弹出"将优化结果存储为"对话框，选择存储的文件位置，"格式"选择"HTML和图像"选项，如图11-74所示。

（6）单击"保存"按钮，保存文档，预览效果如图11-75所示。

图11-74 "将优化结果存储为"对话框

图11-75 预览效果

11.3.4 使用Dreamweaver生成网页代码

使用Dreamweaver生成网页代码，具体操作步骤如下。

（1）登录我的淘宝，单击"店铺管理"中的"图片空间"超链接，如图11-76所示。

（2）进入图片空间页面，单击"上传图片"按钮，如图11-77所示。

图11-76　单击"图片空间"超链接　　　　图11-77　图片空间页面

（3）进入添加图片页面，单击"点击上传"按钮，如图11-78所示。

（4）进入"打开"对话框，在本地电脑中选择制作好的图片，如图11-79所示。

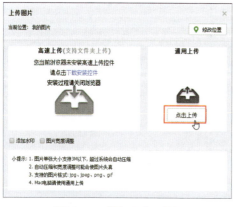

图11-78　添加图片页面　　　　　　　　图11-79　选择本地图片

（5）单击"打开"按钮，即可上传成功，将鼠标光标放在一张图片上，在底部单击"复制链接"超链接，复制图片地址，如图11-80所示。

图11-80　复制链接

（6）用同样的方法可以复制其余的图片地址。启动Dreamweaver，打开切割以后的HTML文件，如图11-81所示。

图11-81　打开HTML文件

（7）打开代码视图，选择相应的图像文件代码，如图11-82所示。

（8）按Ctrl+V组合键粘贴上传到图片空间相应图片的地址，如图11-83所示。

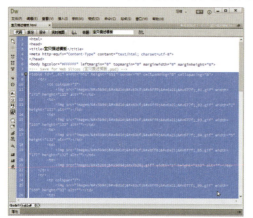

图11-82　打开代码视图

图11-83　粘贴代码

（9）用同样的方法可以粘贴其余的代码地址，如图11-84所示。

（10）单击"确定"按钮，发布查看店铺效果如图11-85所示。

图11-84　编辑代码

图11-85　查看效果

11.3.5　发布商品描述模板

发布商品描述模板的具体操作步骤如下。

（1）登录我的淘宝后台管理页面，单击"店铺管理"中的"店铺装修"链接，如图11-86所示。

（2）进入店铺装修页面，如图11-87所示。

图11-86　单击"店铺装修"超链接　　　　　　　　图11-87　店铺装修页面

（3）拖动"自定义区"至页面中相应的位置，如图11-88所示。

图11-88　添加"自定义内容区"

（4）此时在宝贝详情页添加了"自定义内容区"，单击"编辑"按钮，弹出"自定义内容区"窗口，单击"编辑源代码"复选框，如图11-89所示。

图11-89　自定义内容

(5)在编辑内容区中输入复制好的代码文件,如图11-90所示。

图11-90　编辑HTML源码

(6)单击"确定"按钮,然后查看店铺效果如图11-91所示。

图11-91　查看效果

11.4　视频在店铺装修中的应用

现在,单靠图片已经无法完美地展现商品的特性,商家也想在展示商品的同时宣传自己的店铺。视频可以很好地结合两者,漂亮的视频可以给购物者更好的视觉享受,也更能让人记住所光顾的这家店铺,给店铺带来源源不断的生意。

定制视频服务的具体操作步骤如下。

（1）进入到"我的淘宝"，在"我是卖家"下面的"软件服务"单击"我要订购"超链接，如图11-92所示。

（2）进入到淘宝卖家服务页面，单击页面中的"视频工具"超链接，如图11-93所示。

图11-92　我要订购

图11-93　图片视频工具

（3）进入到"视频工具"页面，在这里选择"YOUKU视频服务"，如图11-94所示。

图11-94　选择"YOUKU视频服务"

（4）打开"YOUKU视频服务"页面，在这里选择购买版本、周期，如图11-95所示。

图11-95　购买优酷网视频

11.5　制作图片轮播

淘宝图片轮播是卖家通过图片动态翻页进行"爆款"、"活动"等展示的官方模块，翻转流畅，几乎不会出现卡的现象。

（1）登录"我的淘宝"，单击"卖家中心—店铺管理—店铺装修"，如图11-96所示。

（2）拖动"图片轮播"按钮，如图11-97所示。

图11-96　单击"店铺装修"　　　图11-97　拖动"图片轮播"按钮

（3）拖动"图片轮播"至合适的位置，单击"图片轮播"模块的"编辑"按钮，如图11-98所示。

图11-98 单击"编辑"按钮

（4）在"图片地址"文本框中输入图片地址，或单击"图片地址"文本框后面的"上传图片"按钮，如图11-99所示。

图11-99 设置图片地址

（5）打开"从图片空间选择"页面，单击并选择相应的图片，如图11-100所示。

图11-100 从图片空间选择图片

(6)"图片地址"文本框中会自动添加图片地址。单击"添加"按钮即可再次添加图片地址和链接地址,如图11-101所示。

图11-101　添加图片

(7)通过步骤5和6的方法可继续插入图片,如图12-102所示。

图11-102　插入图片

(8)单击"保存"按钮,即可添加图片轮播效果,如图11-103所示。

图11-103　图片轮播

第12章
手机淘宝店铺装修

 本章指导

　　网购越来越流行，移动购物随网络的发展，也越来越被大众所接受，交易量也在持续增长。有淘宝店铺的商家，手机店铺也不能忽略。如今的电商除了争夺PC端这一块肥肉，手机端也渐渐成为各大商家的争夺重点。商机无处不在，能否在未来的淘宝经营中占领市场，做好手机淘宝是一个关键因素。

12.1 手机淘宝

电子商务迅速发展，现在已经进入智能手机时代，越来越多的消费者使用手机淘宝进行购物，手机淘宝产生的流量已经远超PC端，所以每一位卖家都应该开通手机淘宝。2015年11月11日天猫"双11"全球狂欢节交易额超912亿元，再创历史新高，其中移动端占比68%。重视手机淘宝，就要从手机店铺装修做起。

12.1.1 手机端与电脑端的区别

目前已经是无线电子商务时代，手机淘宝店铺的出现打破了只能坐在电脑前网购的尴尬局面；随时随地的网上购物方式更加吸引购物群体，如图12-1所示。

在淘宝开店分手机端和电脑端，它们有什么不同呢？

1. 点击率的不同

正常情况下手机端的点击率会高于PC端，热门类目甚至更高。主要原因在于：PC端的可视范围较大，消费者容易被其他因素吸引；手机端的可视范围小，商品集中，更能提高销量。

图12-1　手机淘宝店铺

2. 访客深度与时长的不同

手机端淘宝不分时段和场合都方便购物，上班的途中可以在地铁上下单，半夜躺在床上也可以上手机淘宝。作为卖家不能放过任何提高销量的机会，推广投放时段选为智能化均匀投放，同时调整不同时间的折扣。

3. 转化形式的不同

PC端转化比较难，买家往往咨询多次才能购买，甚至还会向卖家讨要赠品或折扣等，而手机端则是很少咨询，一般看好后马上下单付款。针对这种现象，卖家应该在商品详情页上花多点心思，注意详情页的细节、主图、模特图，给予买家对商品最想知道的信息。

4. 排名的不同

PC端直通车展示位虽然比手机端要多，但流量太分散；而手机端展示位较少，流量集中，所以排名靠前，点击率也会增多。

5. 关键词的不同

手机端与PC端在关键词设置上是不同的，手机端的关键词能获得好排名，PC端的排名是相反的。因此，在推广和优化上，可以多参考系统推荐的关键词、搜索下拉框的词。

12.1.2 手机淘宝店铺装修要点

移动设备的普及率目前已经非常高，商机无处不在，能否在未来的淘宝经营中"捞上一笔"，装修好手机淘宝店铺是一个不错的选择。手机淘宝装修要注意如下事项。

（1）为了节省时间，很多卖家把PC端的图片用在手机淘宝上，这种做法是不可取的，因为手机淘宝上的图片尺寸有限制，如果把PC端的图片放在手机淘宝上，会出现字体不清晰、图片显示不全的情况。

（2）由于手机淘宝受屏幕尺寸的影响，为了提高消费者打开手机淘宝页面的速度，应该把促销活动和热卖商品放在最显眼的地方。

（3）为了配合视觉营销，在装修手机淘宝店铺时，色彩、风格应该一致。那些色彩过于刺眼、丰富的商品图片容易造成消费者的反感，因此手机淘宝店铺在装修的时候，应该注意色彩的搭配要一致，如图12-2所示。

图12-2 手机淘宝店铺色彩搭配一致

12.1.3 手机淘宝店铺装修误区

越来越多的顾客都选择在手机淘宝店铺购物，因为手机淘宝方便，随时随地都能逛淘宝。但是在店铺装修过程中，有很多店家都掉进了手机淘宝店铺装修的误区中。

误区一：图片处理不当

手机端跟PC端毕竟是有差别的，一些卖家在给手机淘宝店铺装修时，将没有压缩过的图片直接上传，如果买家在手机上逛淘宝时看到图片加载那么久，很少能耐心等待到加载完的。

误区二：色彩搭配不当

在给手机淘宝店铺装修时，有的店家可能忽略了配色原则，将自己认为好看的颜色全都堆叠在一起进行装修上传，却不知道，手机淘宝店铺装修是很忌讳颜色过于花哨的。

误区三：导航栏分类不清楚

手机店铺的导航栏设计在同类产品分类中要细一些，手机店铺的导航栏分类越细越能增加产品整体的展现次数，还能提高流量的转化率和店铺的权重等。

12.2 下载与注册手机淘宝

淘宝手机客户端绝对是手机必装软件之一，随时随地淘宝，就是它的最大卖点。通过手机淘宝可以方便地搜索宝贝、下单购买、与店主在线沟通等。手机淘宝越来越重要，那么怎样下载和注册手机淘宝呢？

12.2.1 下载手机淘宝客户端

手机淘宝客户端依托于淘宝网自身强大的优势，整合淘宝、聚划算、天猫、一淘为一体，为用户提供更方便、快捷、流畅、随时随地进行移动购物的完美体验。下载手机淘宝客户端的具体操作步骤如下。

（1）进入淘宝网站首页，单击顶部的"手机淘宝"超链接，如图12-3所示。

图12-3　单击顶部的"手机淘宝"超链接

（2）进入手机淘宝下载页面，如图12-4所示。

图12-4　手机淘宝下载页面

（3）单击"立即下载"按钮，进入选择手机系统页面，用手机扫描二维码后即可下载，如图12-5所示。

图12-5　选择手机系统并下载

12.2.2 登录手机淘宝

手机淘宝的推出，使人们可以随时随地拿出手机上淘宝购物，不管是在外旅游还是坐车，都可以随时打开淘宝进行购物。那么怎么登录手机淘宝呢？

（1）进入手机淘宝首页，在首页的下方单击"我的淘宝"，如图12-6所示。

（2）进入账户登录页面，如图12-7所示。如果已经注册了淘宝账号，在这里可以直接输入账号和密码登录，然后单击页面上的"登录"按钮。

（3）登录后的"我的淘宝"页面如图12-8所示。返回首页就可以在网上进行购物了。

图12-6 单击"我的淘宝"

图12-7 单击"登录"

图12-8 登录到淘宝网

12.3 手机店铺首页装修

当用户访问手机店铺的时候，首页的信息展示是非常重要的，很大程度上影响了用户是否停留。一个合理的店铺首页对店铺的发展起着重要的推动作用。

首页装修的目标在于减少跳失率，提高转化率，增加访问深度，虽然很多买家都是通过宝贝详情页进入我们的店铺的,但是买家如果对我们产品感兴趣的话,都会回到首页,然后看看其他产品再做决定。所以店铺首页装修特别重要。

在淘宝业务逐渐向无线端倾斜的大趋势下,要想提高手机店铺的成交率,手机店铺装修是十分重要的。一个合理的店铺首页对店铺的发展起到重要的推动作用。

手机店铺首页装修具体操作步骤如下。

(1)在浏览器中打开淘网,单击右上方的"卖家中心",进入卖家中心页面,如图12-9所示。

图12-9　单击卖家中心

(2)单击左侧导航"店铺管理"中的子菜单"手机淘宝店铺",如图12-10所示。

图12-10　单击"手机淘宝店铺"

(3)单击无线店铺下的"立即装修"选项,进入无线运营中心页面,如图12-11所示。

图12-11　单击"立即装修"

（4）单击"无线店铺"|"店铺装修"|"装修手机淘宝店铺"|"店铺首页"，如图12-12所示。

图12-12　去手机淘宝店铺首页装修

（5）选择模板后单击"试用模板"，如图12-13所示。

图12-13　单击"试用模板"

（6）选择"宝贝类"下的单列宝贝模块，用鼠标拖放到中间的编辑区中，在右侧的单列宝贝模块中可以设置标题、宝贝个数、关键字、排序规则和类目等，如图12-14所示。

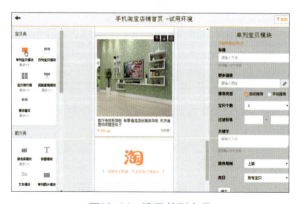

图12-14　设置单列宝贝

（7）图文类，是图片和文字相结合的形式。选中具体类型模块之后，用鼠标拖放到中间的编辑区中，在右侧的面板中，可以设置图片和文本内容，如图12-15所示。

图12-15　添加图文类模块

（8）营销互动类，可以添加电话号码、活动组件和专享活动页面。选中一个类型模块，用鼠标拖放到中间的编辑区域。以电话模块为例，拖放到编辑区域后，可以添加电话号码，如图12-16所示。

图12-16　添加营销互动类模块

12.4　手机版宝贝详情页

详情页面不仅承载着展示商品信息的功能，同时还承载着引导销售流程的功能。在详情页的布局优化上，卖家需要将"销售流程"巧妙地嵌入详情页。这样买家在浏览详情页时，就会在不知不觉中被文字、图片所说服，最终选择收藏或拍下商品。一个好的手机版详情页不但可以为店铺加不少分，从而使宝贝的排名更好，而且还能使店铺在手机端获得更多的流量。设置手机版宝贝详情页具体操作步骤如下。

（1）在无线运营中心页面单击"详情装修"链接，如图12-17所示。

图12-17　单击"详情装修"链接

（2）首先选择模板，接着单击"下一步"按钮，如图12-18所示。

（3）接下来选择宝贝，如图12-19所示。

图12-18　选择模板　　　　　　　　　图12-19　选择宝贝

（4）单击"下一步"按钮后，更换图片，如图12-20所示。

（5）单击"下一步"按钮后，一键同步宝贝，如图12-21所示。

图12-20 更换图片

图12-21 一键同步宝贝

12.5 购买无线端装修模板

随着手机淘宝无线店铺装修模板的全面上线,淘宝为卖家提供更多个性化的无线装修模板,帮助卖家网店销量更为高涨的同时,也提升了消费者的购物体验。购买单个无线店铺模板后,商家可自由使用该模板,具体操作步骤如下。

(1)打开无线运营中心页面wuxian.taobao.com,单击"店铺装修"|"装修手机店铺首页"下的"店铺首页",如图12-22所示。

(2)在左栏单击"模板",在右边的框内选择已有的模板。若需要新购模板,则单击底部的"去装修市场查看更多精品模板"链接,如图12-23所示。

图12-22 单击"店铺首页"

图12-23 选择要使用的模板

（3）进入装修市场的"无线店铺模板"板块，选择符合店铺需求的模板，如图12-24所示。

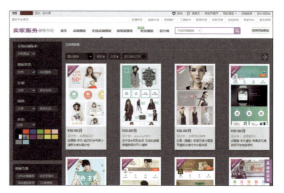

图12-24　装修市场中的模板

（4）选中模板并单击"立即购买"或"马上试用"按钮，如图12-25所示。建议先试用，预览一下应用效果。

图12-25　购买或试用模板

（5）进入试用环境后，可自由调整模块顺序、宝贝排列，方法与无线店铺装修一致，如图12-26所示。试用完毕后可进行购买。所有在使用期限内的模板都会在无线运营中心后台展现。

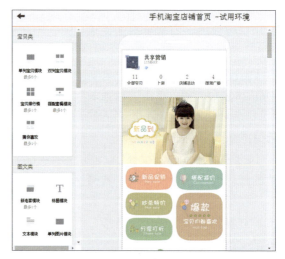

图12-26　试用环境

附录A　各行业网店色彩搭配

R 153	R 255	R 255
G 204	G 204	G 204
B 204	B 153	B 204
#99CCCC	#FFCC99	#FFCCCC

适用网店：美容、化妆品

R 255	R 153	R 255
G 153	G 102	G 204
B 153	B 153	B 204
#FF9999	#996699	#FFCCCC

适用网店：服装、女性

R 255	R 255	R 255
G 153	G 102	G 204
B 102	B 102	B 204
#FF9966	#FF6666	#FFCCCC

适用网店：礼品、喜庆

R 204	R 204	R 0
G 51	G 204	G 51
B 51	B 204	B 102
#CC3333	#CCCCCC	#003366

适用网店：电脑、数码

R 153	R 204	R 102
G 51	G 204	G 51
B 51	B 0	B 102
#993333	#CCCC00	#663366

适用网店：女装、礼品

R 255	R 255	R 153
G 102	G 255	G 204
B 102	B 102	B 102
#FF6666	#FFFF66	#99CC66

适用网店：玩具、童装

R 255	R 255	R 0
G 102	G 255	G 102
B 102	B 0	B 204
#FF6666	#FFFF00	#0066CC

适用网店：生活时尚

R 0	R 204	R 255
G 153	G 204	G 102
B 204	B 204	B 102
#0099CC	#CCCCCC	#FF6666

适用网店：数码家电

R 51	R 153	R 255
G 102	G 0	G 204
B 51	B 51	B 153
#336633	#990033	#FFCC99

适用网店：家居家饰

R 153	R 204	R 0
G 51	G 153	G 51
B 51	B 102	B 0
#993333	#CC9966	#003300

适用网店：古典艺术品

R 255	R 51	R 204
G 0	G 51	G 204
B 51	B 153	B 0
#FF0033	#333399	#CCCC00

适用网店：典雅文化

R 204	R 51	R 204
G 0	G 51	G 204
B 51	B 51	B 0
#CC0033	#333333	#CCCC00

适用网店：珠宝首饰

R 0	R 153	R 204
G 0	G 204	G 0
B 0	B 0	B 51
#000000	#99CC00	#CC0033

适用网店：设计、时尚

R 204	R 0	R 0
G 0	G 0	G 51
B 51	B 0	B 153
#CC0033	#000000	#003399

适用网店：珠宝钻戒

R 153	R 153	R 51
G 153	G 51	G 51
B 51	B 51	B 0
#999933	#993333	#333300

适用网店：鞋类

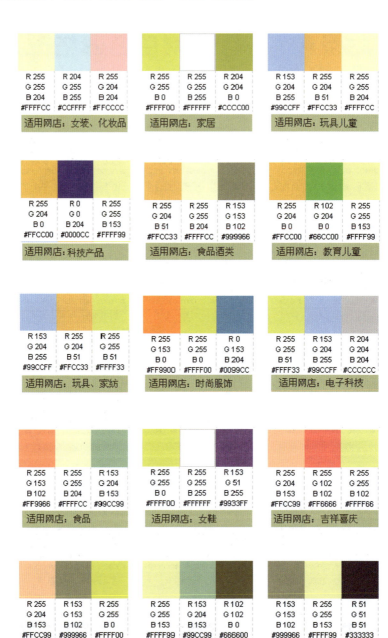

附录A 各行业网店色彩搭配

附录A 各行业网店色彩搭配

R 255	R 255	R 204		R 153	R 153	R 255		R 102	R 153	R 204
G 204	G 255	G 204		G 153	G 204	G 255		G 51	G 153	G 204
B 204	B 153	B 255		B 204	B 153	B 255		B 102	B 153	B 255
#FFCCCC	#FFFF99	#CCCCFF		#9999CC	#99CC99	#FFFFFF		#663366	#999999	#CCCCFF

适用网店：家纺用品　　适用网店：机票旅游　　适用网店：服装服饰

R 153	R 255	R 204		R 255	R 255	R 204		R 102	R 255	R 102
G 102	G 204	G 153		G 204	G 153	G 204		G 0	G 255	G 51
B 153	B 204	B 204		B 204	B 204	B 255		B 102	B 255	B 51
#996699	#FFCCCC	#CC99CC		#FFCCCC	#FF99CC	#CCCCFF		#660066	#FFFFFF	#663333

适用网店：配饰丝巾　　适用网店：护肤品　　适用网店：家纺用品

R 204	R 51	R 153		R 204	R 255	R 102		R 255	R 255	R 102
G 204	G 51	G 102		G 204	G 153	G 51		G 204	G 153	G 51
B 153	B 51	B 204		B 0	B 102	B 153		B 153	B 51	B 102
#CCCC99	#333333	#9966CC		#CCCC00	#FF9966	#663399		#FFCC99	#FF9933	#663366

适用网店：玉器珠宝　　适用网店：女性服装　　适用网店：项链首饰

R 153	R 204	R 255		R 153	R 255	R 255		R 51	R 204	R 204
G 102	G 153	G 204		G 153	G 255	G 204		G 51	G 204	G 153
B 102	B 204	B 204		B 204	B 204	B 204		B 153	B 255	B 204
#996666	#CC99CC	#FFCCCC		#9999CC	#FFFFCC	#FFCCCC		#333399	#CCCCFF	#CC99CC

适用网店：婚庆婚纱　　适用网店：香水彩妆　　适用网店：时尚女装

R 51	R 102	R 102		R 204	R 153	R 102		R 255	R 204	R 102
G 0	G 102	G 153		G 204	G 153	G 51		G 51	G 204	G 51
B 51	B 102	B 153		B 204	B 153	B 102		B 204	B 153	B 102
#330033	#666666	#669999		#CCCCCC	#999999	#663366		#FF33CC	#CCCC99	#663366

适用网店：金属电子　　适用网店：数码科技　　适用网店：鲜花礼品

附录B 配色形容词色卡

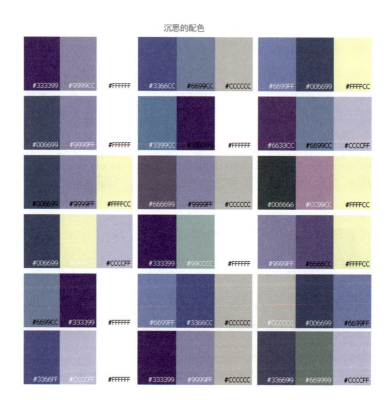

附录B 配色形容词色卡

凝重的配色

漂亮、可爱的配色

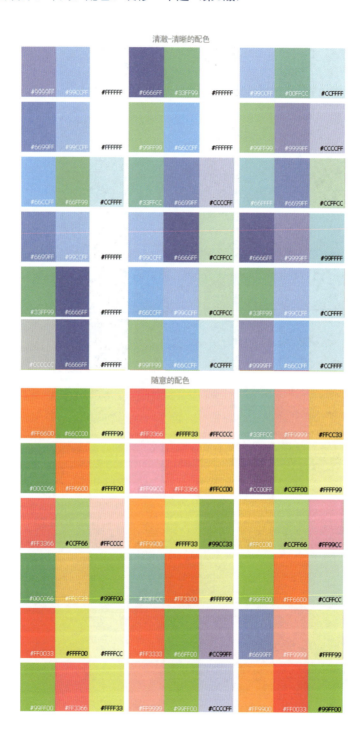

附录B 配色形容词色卡

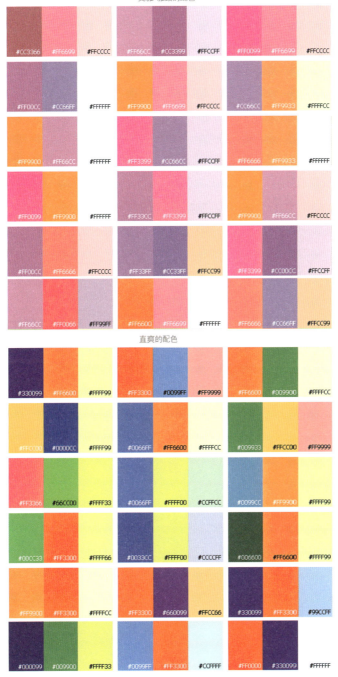

自然的配色

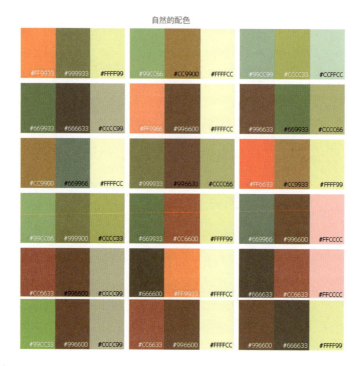

附录C 页面安全色

000000 R - 000 G - 000 B - 000	333333 R - 051 G - 051 B - 051	666666 R - 102 G - 102 B - 102	999999 R - 153 G - 153 B - 153	CCCCCC R - 204 G - 204 B - 204	FFFFFF R - 255 G - 255 B - 255
000033 R - 000 G - 000 B - 051	333300 R - 051 G - 051 B - 000	666600 R - 102 G - 102 B - 000	999900 R - 153 G - 153 B - 000	CCCC00 R - 204 G - 204 B - 000	FFFF00 R - 255 G - 255 B - 000
000066 R - 000 G - 000 B - 102	333366 R - 051 G - 051 B - 102	666633 R - 102 G - 102 B - 051	999933 R - 153 G - 153 B - 051	CCCC33 R - 204 G - 204 B - 051	FFFF33 R - 255 G - 255 B - 051
000099 R - 000 G - 000 B - 153	333399 R - 051 G - 051 B - 153	666699 R - 102 G - 102 B - 153	999966 R - 153 G - 153 B - 102	CCCC66 R - 204 G - 204 B - 102	FFFF66 R - 255 G - 255 B - 102
0000CC R - 000 G - 000 B - 204	3333CC R - 051 G - 051 B - 204	6666CC R - 102 G - 102 B - 204	9999CC R - 153 G - 153 B - 204	CCCC99 R - 204 G - 204 B - 153	FFFF99 R - 255 G - 255 B - 153
0000FF R - 000 G - 000 B - 255	3333FF R - 051 G - 051 B - 255	6666FF R - 102 G - 102 B - 255	9999FF R - 153 G - 153 B - 255	CCCCFF R - 204 G - 204 B - 255	FFFFCC R - 255 G - 255 B - 204
003300 R - 000 G - 051 B - 000	336633 R - 051 G - 102 B - 051	669966 R - 102 G - 153 B - 102	99CC99 R - 153 G - 204 B - 153	CCFFCC R - 204 G - 255 B - 204	FF00FF R - 255 G - 000 B - 255
006600 R - 000 G - 102 B - 000	339933 R - 051 G - 153 B - 051	66CC66 R - 102 G - 204 B - 102	99FF99 R - 153 G - 255 B - 153	CC00CC R - 204 G - 000 B - 204	FF33FF R - 255 G - 051 B - 255
009900 R - 000 G - 153 B - 000	33CC33 R - 051 G - 204 B - 051	66FF66 R - 102 G - 255 B - 102	990099 R - 153 G - 000 B - 153	CC33CC R - 204 G - 051 B - 204	FF66FF R - 255 G - 102 B - 255
00CC00 R - 000 G - 204 B - 000	33FF33 R - 051 G - 255 B - 051	660066 R - 102 G - 000 B - 102	993399 R - 153 G - 051 B - 153	CC66CC R - 204 G - 102 B - 204	FF99FF R - 255 G - 153 B - 255
00FF00 R - 000 G - 255 B - 000	330033 R - 051 G - 000 B - 051	663366 R - 102 G - 051 B - 102	996699 R - 153 G - 102 B - 153	CC99CC R - 204 G - 153 B - 204	FFCCFF R - 255 G - 204 B - 255
00FF33 R - 000 G - 255 B - 051	330066 R - 051 G - 000 B - 102	663399 R - 102 G - 051 B - 153	9966CC R - 153 G - 102 B - 204	CC99FF R - 204 G - 153 B - 255	FFCC00 R - 255 G - 204 B - 000

00FF66 R - 000 G - 255 B - 102	330099 R - 051 G - 000 B - 153	6633CC R - 102 G - 051 B - 204	9966FF R - 153 G - 102 B - 255	CC9900 R - 204 G - 153 B - 000	FFCC33 R - 255 G - 204 B - 051
00FF99 R - 000 G - 255 B - 153	3300CC R - 051 G - 000 B - 204	6633FF R - 102 G - 051 B - 255	996600 R - 153 G - 102 B - 000	CC9933 R - 204 G - 153 B - 051	FFCC66 R - 255 G - 204 B - 102
00FFCC R - 000 G - 255 B - 204	3300FF R - 051 G - 000 B - 255	663300 R - 102 G - 051 B - 000	996633 R - 153 G - 102 B - 051	CC9966 R - 204 G - 153 B - 102	FFCC99 R - 255 G - 204 B - 153
00FFFF R - 000 G - 255 B - 255	330000 R - 051 G - 000 B - 000	663333 R - 102 G - 051 B - 051	996666 R - 153 G - 102 B - 102	CC9999 R - 204 G - 153 B - 153	FFCCCC R - 255 G - 204 B - 204
00CCCC R - 000 G - 204 B - 204	33FFFF R - 051 G - 255 B - 255	660000 R - 102 G - 000 B - 000	993333 R - 153 G - 051 B - 051	CC6666 R - 204 G - 102 B - 102	FF9999 R - 255 G - 153 B - 153
009999 R - 000 G - 153 B - 153	33CCCC R - 051 G - 204 B - 204	66FFFF R - 102 G - 255 B - 255	990000 R - 153 G - 000 B - 000	CC3333 R - 204 G - 051 B - 051	FF6666 R - 255 G - 102 B - 102
006666 R - 000 G - 102 B - 102	339999 R - 051 G - 153 B - 153	66CCCC R - 102 G - 204 B - 204	99FFFF R - 153 G - 255 B - 255	CC0000 R - 204 G - 000 B - 000	FF3333 R - 255 G - 051 B - 051
003333 R - 000 G - 051 B - 051	336666 R - 051 G - 102 B - 102	669999 R - 102 G - 153 B - 153	99CCCC R - 153 G - 204 B - 204	CCFFFF R - 204 G - 255 B - 255	FF0000 R - 255 G - 000 B - 000
003366 R - 000 G - 051 B - 102	336699 R - 051 G - 102 B - 153	6699CC R - 102 G - 153 B - 204	99CCFF R - 153 G - 204 B - 255	CCFF00 R - 204 G - 255 B - 000	FF0033 R - 255 G - 000 B - 051
003399 R - 000 G - 051 B - 153	3366CC R - 051 G - 102 B - 204	6699FF R - 102 G - 153 B - 255	99CC00 R - 153 G - 204 B - 000	CCFF33 R - 204 G - 255 B - 051	FF0066 R - 255 G - 000 B - 102
0033CC R - 000 G - 051 B - 204	3366FF R - 051 G - 102 B - 255	669900 R - 102 G - 153 B - 000	99CC33 R - 153 G - 204 B - 051	CCFF66 R - 204 G - 255 B - 102	FF0099 R - 255 G - 000 B - 153
0033FF R - 000 G - 051 B - 255	336600 R - 051 G - 102 B - 000	669933 R - 102 G - 153 B - 051	99CC66 R - 153 G - 204 B - 102	CCFF99 R - 204 G - 255 B - 153	FF00CC R - 255 G - 000 B - 204

附录C 页面安全色

0066FF R - 000 G - 102 B - 255	339900 R - 051 G - 153 B - 000	66CC33 R - 102 G - 204 B - 051	99FF66 R - 153 G - 255 B - 102	CC0099 R - 204 G - 000 B - 153	FF33CC R - 255 G - 051 B - 204
0099FF R - 000 G - 153 B - 255	33CC00 R - 051 G - 204 B - 000	66FF33 R - 102 G - 255 B - 051	990066 R - 153 G - 000 B - 102	CC3399 R - 204 G - 051 B - 153	FF66CC R - 255 G - 102 B - 204
00CCFF R - 000 G - 204 B - 255	33FF00 R - 051 G - 255 B - 000	660033 R - 102 G - 000 B - 051	993366 R - 153 G - 051 B - 102	CC6699 R - 204 G - 102 B - 153	FF99CC R - 255 G - 153 B - 204
00CC33 R - 000 G - 204 B - 051	33FF66 R - 051 G - 255 B - 102	660099 R - 102 G - 000 B - 153	9933CC R - 153 G - 051 B - 204	CC66FF R - 204 G - 102 B - 255	FF9900 R - 255 G - 153 B - 000
00CC66 R - 000 G - 204 B - 102	33FF99 R - 051 G - 255 B - 153	6600CC R - 102 G - 000 B - 204	9933FF R - 153 G - 051 B - 255	CC6600 R - 204 G - 102 B - 000	FF9933 R - 255 G - 153 B - 051
00CC99 R - 255 G - 204 B - 153	33FFCC R - 051 G - 255 B - 204	6600FF R - 102 G - 000 B - 255	993300 R - 153 G - 051 B - 000	CC6633 R - 204 G - 102 B - 051	FF9966 R - 255 G - 153 B - 102
009933 R - 000 G - 153 B - 051	33CC66 R - 051 G - 204 B - 102	66FF99 R - 102 G - 255 B - 153	9900CC R - 153 G - 000 B - 204	CC33FF R - 204 G - 051 B - 255	FF6600 R - 255 G - 102 B - 000
006633 R - 000 G - 102 B - 051	339966 R - 051 G - 153 B - 102	66CC99 R - 102 G - 204 B - 153	99FFCC R - 153 G - 255 B - 204	CC00FF R - 204 G - 000 B - 255	FF3300 R - 255 G - 051 B - 000
009966 R - 000 G - 153 B - 102	33CC99 R - 051 G - 204 B - 153	66FFCC R - 102 G - 255 B - 204	9900FF R - 153 G - 000 B - 255	CC3300 R - 204 G - 051 B - 000	FF6633 R - 255 G - 102 B - 051
0099CC R - 000 G - 153 B - 204	33CCFF R - 051 G - 204 B - 255	66FF00 R - 102 G - 255 B - 000	990033 R - 153 G - 000 B - 051	CC3366 R - 204 G - 051 B - 102	FF6699 R - 255 G - 102 B - 153
0066CC R - 000 G - 102 B - 204	3399FF R - 051 G - 153 B - 255	66CC00 R - 102 G - 204 B - 000	99FF33 R - 153 G - 255 B - 051	CC0066 R - 204 G - 000 B - 102	FF3399 R - 255 G - 051 B - 153
006699 R - 000 G - 102 B - 153	3399CC R - 051 G - 153 B - 204	66CCFF R - 102 G - 204 B - 255	99FF00 R - 153 G - 255 B - 000	CC0033 R - 204 G - 000 B - 051	FF3366 R - 255 G - 051 B - 102